自學偷學筆記

自慢⑥

學習改變我的一生

何飛鵬 著
商業周刊超人氣專欄作家
暢銷書《自慢》系列作者

作者簡介：

何飛鵬

城邦出版集團首席執行長，媒體創辦人、編輯人、記者、文字工作者。

擁有三十年以上的媒體工作經驗，曾任職於《中國時報》、《工商時報》、《卓越雜誌》等媒體，並與資深媒體人共同創辦了城邦出版集團、電腦家庭出版集團與《商業周刊》。他同時也是國內著名的出版家，創新多元的出版理念，常為國內出版界開啟不同想像與嶄新視野；其帶領的出版團隊時時掌握時代潮流與社會脈動，不斷挑戰自我，開創多種不同類型與主題的雜誌與圖書。

曾創辦的出版團隊超過二十家，直接與間接創辦的雜誌超過五十家。

- 二〇〇七年出版《自慢：社長的成長學習筆記》——工作者最基本的人生態度，成為當年度財經管理類暢銷書第一名。
- 二〇〇八年出版《自慢2：主管私房學》——小職員出頭天的最佳途徑，榮獲二〇〇九年經濟部中小企業處主辦之年度「金書獎」。
- 二〇〇九年出版《自慢3：以身相殉》——何飛鵬的創業私房學。
- 二〇一〇年出版《自慢4：聰明糊塗心》——何飛鵬的自慢人生哲學，指引為人處世，打造雙贏人生。
- 二〇一二年出版《自慢5：切磋琢磨期君子》——給予工作者從內在心性，到外顯能力，最終到團隊領導等不同階段的能力修鍊，以成事業有成，心性高尚的君子。

個人部落格：何飛鵬——社長的筆記本（http://feipengho.pixnet.net/blog）

Facebook 粉絲專頁：「何飛鵬自慢官方粉絲團」

【自慢】

日文中形容自己最拿手、最有把握、最專長的事。

形容自己的拿手與在行，是不是比別人更好，其實不知道，但絕對是自己最自信、最有把握的事。

自序
學習改變我的一生

來時，我一無所知，一無所有，一無所成；
如果走時，我有所知，有所有，有所成，那是因為學習改變了我，
也成就了我的一生。

——自慢感言

上天對大多數人都很公平，初生時，每個人都一樣：一樣的條件、一樣的形體、一樣的單純，也一樣的無知。

些許的不一樣或許來自家庭背景，但真正的改變與決勝，仍然在個人：個人的學習、個人的努力，讓每個人的一生走上不一樣的道路，有不一樣的成果、不一樣的地位、不一樣的頭銜，也有不一樣的生活。

學習改變了每個人的命運。

學校的體制學習大家都類似，但結果卻大不相同，原因是學習的投入有別，學習的方法大不相同。

更大的差異來自離開學校之後的自主學習，有人事事關心、處處好奇，無時無刻無地不學習，當然知識豐富、見識廣闊、能力多元、專業高深。學習態度改變了每一個人。

還有的差異來自學習方法，專注力讓人心無旁騖，集中心力在每一次學習的過程。

思考力讓人深刻面對所有的學習內容，仔細理解其中的道理，分析其適用的範圍，試圖建構自己的思想體系。

質疑提問力來自思考，找出盲點，提出問題並尋求解答，更加深化學習成果。

記憶、背誦的能力接著發揮功能，經過思考和質疑之後，證實是正確的知識與方法，要牢記於心，變成每個人能力的一部分。

對經典的理論、知識、文字，背誦讓原文、原典隨時可重現，豐富了每一個人的內涵。

需要實務、實作的技術，能力及練習力是成就頂尖的方法。

一萬個小時的錘鍊，造就真正的專精：莫札特在寫出經典的〈第九號鋼琴協奏曲〉之前，已持續創作十年；巴菲特在十一歲時，就開始投資股票；披頭四在出名前，已做過一千二百場演出；比爾．蓋茲上大學前五年，天天都在寫程式。勤於練習變成成功的關鍵，學習曲線更證實不斷練習的必要。

當其他人有創新、有新發明時，學習要借助模仿的偷學能力，用觀察、用想像、用試做，模仿出類似的方法，找出可能的答案，以改變落後的缺憾，甚至有可能得到或進一步激發創新。

書本是永遠的、無聲的老師，他靜靜的躺在一角，等待我們親近學習，但我們需要愛書，也需要擁有閱讀力。

愛書必須知道書中樂趣無窮，知道其中不是只有需要死背強記的問題與解答，其中更有新奇的劇情、趣味的轉折，以及無奇不有的新鮮事。

閱讀力則要知道挑書、選書。如何讀一本書，要會快效找重點，也要細讀、精讀並消化吸收，更要辨識情節、衝突與矛盾，重新為自己的知識排序。

另一個能開口說話的老師是人、是專家、是老闆、是同事、是競爭對手、是社會中的傑出人士。這些人沒有老師之名，但只要我們願意，我們的態度親近，鍥而不捨的虛心請益，他們都會變成我們的老師。

跟人學習是另一種學習力。

每一種學習力，都在學習的過程中扮演了不同的功能，擁有這些學習力，就是專業的學習者，自然會得到過人的成果。

我努力學習專業的學習方法，期待當我向世界告別時，能有所知、有所有、有所成，不虛此生。

目錄

第二部

我的學習經驗

第一章　學校體制學習九步驟

第二章　摸索學習當記者

第三章　三十年的自我探索過程——尋尋覓覓學經營管理

第四章　放膽去試

第三部

自學偷學的方法

第一章　跟人學——人、專家、隱藏性知識

第二章　如何看書學習

第三章 工作中學習——一生的改變從此開啟

第四章　人生生活學——人生無處不學習

前言
學習關鍵字

一、**學習**：是透過被教導及體驗，而得到知識、技術、認知、態度、價值觀，進而使學習者的行為改變。學習有正面，有負面，可學好，可學壞，本書著重在如何正面學習。如果只是知道，而行為未改，不是學習。

二、**體制學習**：指被動接受的學習訓練，通常由學校或機構所執行，是同一社會中人人都會接受的學習。通常由老師教導，屬於被動學習。

三、**自主學習**、**自學**：指的是一個人在離開體制學習之後，自己選擇有興趣及有需要的範圍自力學習，透過看書、參考別人經驗、向人請教，而完成改變。人的一生都在自學，包含有目的的定向學習或無意識的行為改變，而本書探討的，是有目標、有意識的正向學習。

四、**偷學**：學習者想學習的知識或技能，不見於公開的文字，只有在特定個人或組織身上，而這些個人及組織又不願傳授，學習者只能透過各種方法去學習；這種學習，就是偷學。

五、學習型人才：每個人雖然都有學習傾向，但如果一個人有高度的改變及成長動機，並有效的付諸行動，使自己的知識、技能不斷提升，進而改變對組織及社會的貢獻，自己的收入、地位、價值也隨之提升，這就是學習型人才。

六、學習型組織：有計畫的聚集學習型人才，並推動、塑造組織的集體學習文化，進而不斷提升組織的競爭力及效率，就是學習型組織。見彼得・聖吉（Peter M. Senge）的《第五項修練》（*The Fifth Discipline*）。

七、學習曲線：美國的懷特在一九三六年研究飛機生產時發現，當生產數量增加時，所需的時間、成本、錯誤都會減少，這是因為透過練習，工人會越做越好，方法也會改進。這種練習次數與時間、成本、錯誤的關係曲線就是「學習曲線」，又稱「學習改善曲線」，也是一個人為何要下苦功練習的原理。全書中都可看到學習曲線應用的影子。

八、向誰自學：自學的學習對象是書，再加上專家或達人，都可自學。

九、學習動機：人的學習動機有二：一是好奇，二是困難。任何新奇、有趣的事物，都會引發好奇心，啟動求知欲而開始學習。每個人也隨時會遭遇各種困難，要尋找解決困難的答案，也要啟動學習。

十、**學習特質**：在學習過程中，學習者會呈現「痛苦」與「快樂」兩種特質，學習過程中的摸索與失敗、不斷練習的枯燥與付出，都是痛苦。然而，一旦學習有成，效益顯現，辛苦有了代價，又是無比快樂。學習是先苦後甘，先折磨、痛苦，後快樂享受。

十一、**學習的範圍**：學習者學習的範圍包括「知識、技術、經驗、態度（價值觀）」。「知識」是人類把已知的道理及經驗，寫成文字化的內容，以利傳播。「技術」是特殊技能，用以生產、製作、從事某一件事或完成某一種產品或器物；技術通常要經過學習及練習才能學會。「經驗」是個人所歷練過的事，並已歸納出最好的方法；因為尚未文字化，通常被稱作「隱藏性知識」。「態度及價值觀」是人的認知與想法，會轉換行為的傾向，影響每一個人的行為。

十二、**學習五到**：學習要使用「眼、耳、心、口、手」五種器官，當這五種器官都使用時，學習的效果最好，而這五種器官也分別代表五種學習行為：看、聽、想、問、做。

十三、**學習力**：學習成果受各種能力所影響，包括專注、思考、懷疑、記憶（背誦）、練習、模仿等，每一種能力各有功能，影響了學習的各個環節。

十四、**專注力**：集中全身的注意力，針對某一件事，還要用上所有的器官：眼、耳、心、口、腦等。這是學習非常重要的力量，有專注力，學習效果才會好。

十五、**思考力**：在學習的過程中，不論看到或聽到任何內容，同時要用腦思考其中的道理，想通道理會自動學會，因為其中的邏輯分析會自動形成記憶。思考力同樣也能分辨正確與否，而產生另一種學習力量——質問力。

十六、**模仿力**：在沒有外力協助指引之下，學習者靠著觀察與想像，就能複製別人成功完成的事，這就是模仿。進行模仿時，對模仿事物要有相當的理解，再加上觀察、分析、解構、想像，而完成類似的事物。模仿是偷學中的關鍵手段。

十七、**學習節奏**：學習有快、慢兩種節奏，快的節奏是短期內限期完成，例如百米衝刺，講究速學速成。慢的節奏是慢慢學習，長期追逐，逐漸累積，這是學習馬拉松，透過長期切磋琢磨的功能，讓學習達到最高境界。

十八、「守破離」學習定律：此法源自日本禪理之修行，後廣泛用於能樂、茶道、武道的一種學習方式與思維。「守破離」學習定律將學習分成三階段：先忠實的遵守師傅的教導，徹底學會師傅之法，這是「守」。接下來要勇敢的打破師傅的方法，尋求改變，這是「破」。最後要獨自創新，發展出自己的一套方法，這是「離」。學習由被教導開始，找一個好老師，衷心信服、努力學習，有了基本理解之後，再懷疑、改變，最後進入創新。學習、創新、模仿、傳承、接班，在企業經營中充滿了「守破離」的現象，個人學習成長亦然。

【第一部】

關於學習

學習有方法——學習如何學習

學習改變人生，也關乎成敗、成就，人人都在學習，也努力學習。

不過，學習本身也是一種專業，也需要學習「如何學習」。

學習的動機來自好奇，好奇心啟動學習。

自尊心、愛面子、不敢承認自己不會、不敢請教、不敢發問，則會阻斷學習。

「讀書」是學習最重要的方法，也是一生通用的學習方法。

學習一定要困學、苦學，沒有快樂學習這件事，過程中也沒辦法講究生活品質。

解決問題的學習，要從問問題開始。

真正學會要能用自己的話說出來。

學習要經過「看、聽、想、問、做、學」六步驟。

生活中每件事都是學習。

學習經過不斷練習、重複，就會越學越快，越學越好。

學要即知即行，在行動中檢驗。

學習要有想像力。

學習是不斷反省、自我顛覆的過程。

學習無所不在，休假、放空也可學。

學習的目的在免於不輸，但要先學會輸。

忘記不必要的事，留下記憶體繼續學習。

學習需要練習，先相信、先做，就會由假成真。

學習時，要兼備短期衝刺與長跑的速度。

1

學習的天賦

自學偷學一輩子

自學是面對新事務時，能自己找到答案的能力；偷學則指能複製別人成功經驗的能力。這兩種能力是人類存活的良知良能，只要相信自己、勇於嘗試、多看多想，能力就能恢復。

在學校念書時，我不是好學生，尤其在大學時期，我僅勉強畢業，我大多數的能力，都是在生活中、工作中自學偷學來的，因此當我面試新夥伴時，我不在乎他的學業成績，我在乎他有沒有自學偷學的能力。

自學指的是面對新事務及困難時，能自己解讀、學會以自己找到答案的能力。偷學則指看到別人的成功經驗時，能透過觀察與分析，找到正確的做法，進而複製，甚至改良創新的能力。

我這兩種能力都很強，最重要的原因是我不怕，我相信我可以，所以就大膽去嘗試，去分析，去解讀，去模仿，去練習。剛開始會走錯，但多試幾次，自學偷學的能力就越來越強。

我鼓勵所有的同事照著做，他們都心存懷疑，不敢相信自己做得到，但我逼迫並鼓勵他們去試，經過幾次的摸索，通常進步很快。

我得到結論，自學偷學的能力是人類存活的良知良能，但從小的學校學習，讓我們習慣被動、被教導，以至於自學偷學的能力遺忘了。相信自己，勇於嘗試，多看多想，自學偷學的能力就恢復了。

後記：

自學通常由解決問題開始，只要掌握五步驟，就可找到答案：

❶自己想：要先自行界定問題，分析問題關鍵所在，相信自己有解決能力，並嘗試提出解決方案。

❷問專家：就自己想不明白的部分，詢問可能的專家，若自己已有想法，也可向專家求證。

❸找書看：尋找相關書籍並仔細閱讀，如果沒有直接相關的書，間接相關的書

也可嘗試。

❹網路搜尋：網路世界已有許多訊息，善用各種關鍵字搜尋，但要注意訊息來源是否可信。

❺徹底消化所得到的訊息，去蕪存菁，再提出自己的解決方案，並嘗試步驟化，進而一步步執行，過程中再做修正。

雖然自學的答案不見得正確，但只要持續修正，就能越來越進步，經過自學的過程，自己的學習成長最深刻。

2

學習的起源

人生無處不好奇

學習要從「注意」開始，注意是因為關心，而關心，是因為好奇、有興趣、想了解，所以好奇是學習的起點。

我是一個很特殊的人，是一個好奇寶寶，對任何相干或不相干的事，都想進一步了解，這讓我知識博雜，生活中充滿樂趣，也因為知識多元，使我得到許多意想不到的好處。

有一次我去墾丁玩，夜宿恆春，閒逛時在古城牆邊發現一個舊貨攤，放滿了各種二手工具、陳列品、燈具輪盤，我好奇心大起，除了仔細挑選喜歡的東西外，還與老闆無所不聊。原來這些商品都是從高雄拆船碼頭批來，他原是拆船工人，拆船業沒落，他轉業賣舊貨，自己也收藏了許多有趣的老東西。一個晚上，我聽到高雄拆船業的興衰，聽到許多人、許多船、許多故事，也得到許多知識。

任何人我都可以聊，我不只聊與工作生活相關的事，我更對許多少見、完全不相關的事有興趣。

幾乎沒有任何事我沒有興趣，只要我發覺對方是行家，我都會追根究柢問不停；不經意中看到的任何事，我也會仔細觀察，我因而交了許多朋友，必要的時候，也多了許多可以請教的對象。

好奇的好處很多，因為我知識博雜，遇到任何人我都可以找到話題，都可以聊不停，都可以進一步深交。有一次遇到一位日本人，住在鎌倉，我馬上告訴他這是日本古都，是日本幕府的起源地，十二世紀源賴朝任征夷大將軍，建立鎌倉幕府，經過這樣，我們關係立即拉近，接下來的生意一切好說。

好奇也使我養成快速學習的習慣，對任何不懂的事我不害怕，只要開口問，只要有心學，很快就變懂。我知道，好奇是一個人改變的動力，也是一個人學習的起源，更是一個人能力改變的開始。

好奇讓一個人能不斷認識新生事物，了解不曾接觸過的知識。好奇也會讓一個人持續探索已知的領域，讓人成為所屬領域的頂尖人物。好奇會使人對理所當然的事產生懷疑，進而追根究柢、探本溯源。「在不疑處有疑」，源於好奇，啟動學習。

好奇心是學習之母，成就一個知識豐富、能力多元的人才。

大多數人只對自己相關的事有興趣，這是因為熟悉，也可能因為有趣，更因為有用，這是最基本的好奇。可是，最基本的好奇只能成就一般的能力，想要更上層樓，必須有高度的不滿足，不因簡單的答案就停止探索，要不斷的追問，才能成就更高的理解，也才能成就無人可及的專業。

如果覺得自己視任何事都理所當然，如果覺得自己對任何事都淡然無味，那就是一個缺乏好奇心的人，這是學習的重大缺陷；必須強迫自己開始關心外界事物，也關心與自己無關的事物，更要持續關心已知的事物，才有機會建立自己的好奇心，改善學習習慣。

後記：

❶沒有任何目的的學習，通常是來自好奇，這和人的個性有關。

❷有目的的學習不需要好奇，因為這種學習常來自於經濟或成就動機，也可能是有解決問題的急迫性。

3 學習障礙

遠離自尊心

人皆有自尊心，每個人都怕弱點為人所知，甚至因而盲視自己的弱點、否認自己的弱點，這是阻斷學習的最大障礙。

遠離自尊心，承認自己的弱點，不怕別人指出自己的弱點，敢於發問，敢於求教，才能啟動學習，成就自我。

有一個主管，每當我找他來談事情時，他總是先問我：何先生，你又要罵我嗎？許多次我並不是要罵他，我只是要提醒他某些事，但他的話，讓我驚覺到是不是我話講得太直接了，讓他時常感覺到被罵。從此我和他的溝通變麻煩了。

他的自尊心太強了，我需要隨時照顧他的自尊心，因此許多話我不能直接說，這包括他的問題、他的缺點，以及他所主管單位的問題及缺點。有時候甚至連單純的建議，我都不能直接說，因為他會懷疑，他是不是做錯了什麼事？還是對他有所不滿？

為了提醒他、給他建議，我必須拐彎抹角，我非常辛苦，而且沒有效率，他的進步十分緩慢。有了這樣的經驗，我仔細盤點整個團隊，竟然發覺大多數的主管們都有這個問題，只是他們不敢表達他們的不滿。

我面臨一個抉擇，要堅持直截了當、毫不保留的溝通方式，還是要委婉的維護他們的自尊心，讓我的溝通變曲折、變複雜，可能也變得更沒有效率。

我決定不維護他們的自尊心，因為對自尊心之為害，我體驗太深了！我曾經是個自尊心極強的人，那時候我非常在意別人對我的評價，好的稱許則心中竊喜，不好的評價則不免挫折沮喪，並嘗試解釋反駁，甚至認為別人在誤解扭曲我。在自尊心的作祟下，我完全無法理解性思考問題的真相，我就像個刺蝟一般，經常陷入誰是誰非的意氣之爭。

也因為自尊心，我經常看不清楚自己，無法面對自己的缺點，而不承認缺點，當然就無法改善缺點了。我花了很長的時間破除自己的自尊心，從此我快速改變、能力提升，並且能理性平和的面對一切。只是這花了我將近二十年的時間。

我不願團隊主管們跟我走一樣的二十年，我要逼迫他們盡快丟掉不必要的自尊心，所以一旦看到任何問題、任何缺點，我絕不隱藏，也不掩飾，而是直截了當說出來；我寧可自己是個粗魯、嚴厲的主管，也不要因為自己的鄉愿、溫情，而讓主管們放慢了他們成長學習的步伐。

天才賈伯斯說，只有頂尖人才，才不需要呵護他們的自尊心；旨哉斯言：沒有自尊心的迷障，才能啟動學習，成就頂尖人才。

後記：

❶自尊心之為害，除了盲視自己的缺點之外，最大的問題在於不敢公開向別人請教，不敢發問，以致錯失許多學習的機會。

❷課堂上的不敢開口發問，尤其不可原諒，因為既然在課堂上，聽講者的身分皆為學生，學生因不懂而發問是理所當然的事。敞開心防、放膽提問吧！

4 拒絕學習 我不愛讀書

學習有很多方式：上課、上學、讀書、工作等，都是學習的途徑，但任何學習都少不了自發性的閱讀，透過讀書，學習才能深化，成為個人能力的一部分。

只是，有許多人從小不愛讀書，把讀書視為畏途，他們不知道，不愛讀書是拒絕學習、拒絕成長、拒絕改變，也可能因此葬送一生。

一個年屆三十歲卻一事無成的年輕人，想盡各種辦法找到我，希望聽聽我的建議。他有幸福的家庭，父母親受過良好的教育，因此希望好好栽培他，讓他去念了知名的私立中學。但他不好好念書，反而與一些家庭環境很好的同學鬼混、遊樂、飆車、混幫派，雖然拜大學數量過多之賜，以極低的成績念了大學，可是愛玩的個性讓他沒能畢業。現在勉強找到了一個薪水兩萬出頭的工作，卻做得怨氣沖天，覺得這個社會虧欠他，不給他機會。

他說：「我從小不愛讀書。」這句話他說得是理直氣壯，令我頗感意外。「不愛讀書，那你這一生想做什麼事？」「我覺得讀書以外，我總可以找到另一條路。」他回答。

我想起幾個小學同學，有人不愛讀書，去做木工，變成很好的木匠，現在日子也過得很好；有人種田，一生安穩；當然也有人靠勞力過活，辛苦一輩子。這個年輕人不愛讀書，沒畢業卻不肯做粗工，也不願去學一門技藝，卻妄想在職場中得到一份好工作。

台灣的教育體系，讓讀書變成痛苦的事，汙名化了讀書，也讓許多年輕人可以理直氣壯的說自己不愛讀書，卻不知道這句話背後，代表著自己拒絕了人生最大的機會。

讀書是最重要的學習方式，也是讓一個人改變及成長最有效的途徑。透過讀書，我們可以接近知識、提升智力、增強能力，這是成就一生最重要的方法。

如果不透過讀書來改變自己，那麼人生只剩另兩種選擇，其一是靠勞力，這是良知良能，但也最現實。畢竟，身材與力量是與生俱來的條件，不容易改變，許多文弱者，想靠體力、勞力過活也不可得，就算勉力為之，也一生困苦。

其二是學一門技藝。不過，任何技藝要真正有成就，也需要進修及學習，那也免不了要讀書，所以讀書是一輩子的事，沒有人不會讀書、不愛讀書，卻可以成就非凡的一生。

我反問這位年輕人：「你不愛讀書，卻又不想學一門技藝，那你還有什麼選擇？」他默然不語，似乎在此之前，他從來沒有想過，不愛讀書的下場，就是現在的一事無成。

許多年輕人都把讀書與其他不對稱的選項並列，如遊樂、旅遊、唱歌、看電影等，他們不知道這些都只是偶一為之的人生休閒活動，不能成為一生的選擇，而讀書雖然只是手段，但卻是人生自我提升與改變的開始。

後記：

❶如果真的不愛讀書，但願意去學一門技藝，做一個好的技藝職人、工匠，也可以有成；但真正的頂尖職人，除了技藝之外，也要靠念書精進，最後還是

少不了讀書。

❷讀書是一輩子永遠不能間斷的學習方式，許多人離開學校後，就遠離閱讀，成長從此停滯。

5 學習認知

沒有快樂學習這件事

每個人的學習啟蒙，一定是被動學習，在體制內受教育，少不了壓力，少不了規範，當然也少不了考試，更少不了痛苦。如果想透過各種教學的改變，讓學習痛苦減輕，雖有可能，但如果想把學習變成快樂，完全沒有痛苦，似乎不太可能。學習本就是勉強，本就要承受過程中的折磨，這是學習的基本認知。

有個四十幾歲開始學彈鋼琴的朋友，某天晚上吃過飯後，就戴上耳機開始彈琴，完全忘了時間，第二天早上，太太一覺醒來，竟發覺他整個晚上沒離開過鋼琴。

我學習高爾夫兩年之後，想朝單差點（編註）邁進，常常一週上練習場四、五次，每次都打好幾百球，打到手指破皮，綁上繃帶繼續打。有時候還一天上練習場兩次，清晨、晚上各一次，朋友甚至打趣說，「你想打職業嗎？」

大學畢業後的預官考試前一週，我改變原來放棄考預官的決定，全心全意用一週的辛苦投入，換得未來一年半的自由。沒日沒夜的念了七天，我順利考上預官。

這幾件事，在外人眼中都非常辛苦，都是異於常態之事，而對當事人而言，過程確實辛苦，精神上充滿折磨，而體力也可能不堪負荷；但只要期待有所得，學習就不會痛苦，一切的付出都是值得的。

可是教育界的看法並非如此，他們似乎認為學習充滿痛苦，因此，不斷強調快樂學習，想方設法引導學習者進入學習領域；不斷提升各種教學技巧，希望提高學習成果。這絕對是天大的謊言，如果是被動的學習、被迫學習，學習過程絕對充滿了挫折與痛苦，不論用什麼方法或如何改善學習環境，學習者都快樂不起來。

對大多數人而言，幼年時期通常是被動學習，小朋友通常不知道「為什麼學習」、「要學什麼」，卻在集體行動中，在外部規範下，被迫一起進行學習。

然而，這種體制內的學校學習通常只是人生的起步，其決勝關鍵在於何時將學習轉化為自主學習、主動學習，一旦進入自主學習，則個人的內在學習動機，會突破一切障礙，讓學習不再痛苦。

自主學習一定是學習者知道為何要學，從而努力學，並且研究如何學，其過程中必然會對學習的標的產生極大的認同與興趣。對自己有興趣的事、喜歡的事，學習將不再是痛苦，或者學習過程中，不論有多痛苦，身心如何受到折磨，可是對當事人而言，他們都能忍受，或者甘之如飴。

學習是每個人一輩子的大事，如果學習停留在外在的壓力，不得不學，那根本不可能快樂學習。成功的學習在於激發每個人內在的學習動機，讓學習變成自主學習，就能發揮不可思議的效果。

編註：單差點意指擊球實力高於標準桿一至九桿之間。

後記：

❶學習快樂從哪裡來？當學習是來自興趣，發於自願，就不覺其苦。當學習有所成果，得到認同，得到鼓勵，得到成就感，學習就有快樂。

❷學習過程，免不少遭遇障礙，這時就要困學、苦學，在精神與體力上可能都是折磨，也不免痛苦。

❸當學習轉化為主動，轉化為對興趣的追逐與探索時，才是真正的快樂學習。

6

學習障礙

我很注重生活品質

學習一定有困學苦學的過程，如果想輕鬆學習，就想過上好日子，這是不切實際的想法。

許多初入職場的年輕人，才剛告別學校，進入漫長的工作學習歷程，如果這時候就想注重生活品質、輕鬆上班、寫意工作，這是最大的學習障礙。

因為執行長室需要一個助理，我開了簡單的條件請人資部去招募，沒想到延宕了許久，一直找不到人，我十分好奇發生了什麼事？人資主管告訴我，現在的年輕人很少能滿足我的要求，我的標準太高了。

而我的標準有多高？我要求「認真負責，全力以赴」。

人資主管還說，能力條件不難，但談到工作態度就難了。一個他們都認為不錯的應徵者強調，他個人非常注重生活品質，所以一定要正常上下班，絕不加班；還有應徵者說，他受不了財務部門的瑣碎工作要求；另一個應徵者則說：他人生最大的挫折是「指考」沒考好。

人資主管很害怕，認為這些人沒兩天就會被我嚇跑，所以一人難求。

我很替現代的年輕人慶幸，他們活在最好的日子，接受好的教育、好的照顧，有好的生活，這是他們的命，我只能羨慕，也期待他們能一輩子安穩，一生過好日子。

問題是，這真的就是人生嗎？

當然不是！我們這一代辛苦了一輩子，總算能提供下一代過好日子，從現代年輕人的好命裡，我看到我們這一代人的貢獻。這些應徵者正好是我子女的年紀，上一代人提供了他們注重生活品質的空間，提供了他們面對未來挑三揀四，選擇這不做、那不做的可能，也使我開出的工作基本要求：「認真負責，全力以赴」，看起來像不合時代的過時標準。

我想起母親告訴我的話：「人生不可能永遠過好日子，也不會永遠過壞日子，你們現在過壞日子是好事，未來會有好日子過。」母親的「人生公平論」，印證了我們這一代人生活，努力辛苦了大半輩子，終於在知天命之年，能過上好日子。只不過我實在不想告訴下一代年輕人，他們上半生在父母的保護下，過上了安穩的日子，未來會是壞日子在等著他們，這看起來像詛咒，更非我內心所願見。

我只想說，注重生活品質是好的，人人期待，但生活品質要靠自己的能力去得到，如果自己的收入所得，能夠撐得起好的生活，挑得起工作，那儘管擺譜，那是自己的本事，是自己應得的生活；但如果不是自己的能力所及，最好收斂一下自己的習慣。

我的女兒與女婿經常加班到很晚，把兩個小孩交付給我們兩個老人家照顧，我雖有不滿，也難以苛責，只要他們是因為工作，而不是和朋友冶遊，我們都願意擔待。有時候還慶幸，他們的日子有過得稍微辛苦點，雖然這種辛苦離我們過去的程度有點遠，但或許在未來也能一輩子安穩平順。

或許我應該這樣說，人生是多樣的，有品質的生活為何珍貴？因為你曾經辛苦過，曾經沒品質過！如果有機會，趁年輕時辛苦些，證明自己有能力，不需要靠上一代，這才是真正的人生。

唯其全力以赴，辛苦御風疾行，才知人生自慢悠閒的滋味美好。

後記：

❶生活品質是人生奮鬥之後的獎賞，當一個人事業有成，生活無虞，當然可以按自己的喜好，過上悠閒的日子，只是這需要靠自己努力學習，自我改變而完成。

❷如果年輕時就注重生活品質，通常是來自父母的庇蔭，這並不值得驕傲，也讓自己喪失學習改變的可能。

❸為人父母留財富給下一代，讓他們一生安逸，是剝奪他們奮鬥的意志，不可不慎。

7 學習方法

問問題與找答案

學習最大的動機，是因為遭遇問題，要解決問題，所以進入一連串的學習過程。這個過程具有高度的目的性，學習成果也最容易檢驗。

在解決問題的過程中，並非直接尋找解決方法，而是先從界定問題、切割問題、問問題及變換問題開始。

一個新成立的網路事業實驗單位，今年賠了三千多萬元，從年中開始，我就向主管預告，年底我會做一次徹底檢討，要他提出具體的體質分析及未來展望，否則無法爭取到明年度的預算。

十月中，當我聽見他們的檢討後，我告訴這個單位，他們明年的虧損一定要少於兩千萬元，這是我承受的極限。主管十分為難，告訴我「不知道怎麼完成這個接近不可能的任務」。我的回覆是：「你要先接受，我會和你一起找答案。」

當他接受這個任務後，我開始問問題：「為什麼會虧損這麼多？」「主要的生意模式是什麼？」「主力產品是什麼？」「生意推廣時，主要的困難何在？」「如何改變客戶的疑慮？」「做什麼事可以讓業績增加？」「產品有何提升銷售力的可能？」「如果業績不能明確改善，成本有無減少的可能？」「主要的支出項目包括哪些？」「哪些支出是必不可少，哪些支出可以減少？」「組織結構調整是否有助營運改善？」「哪些人力是絕對必要？」「最小的核心團隊包括哪些職位？」「如果短期內市場不易成熟，用什麼方法可以讓團隊支出最小化以存活得更久？」「是否要用『冬眠』的方法？」「你已決心要為這個單位付出一切嗎？」

這一連串的問題並不是一次問完，而是抽絲剝繭，一層一層往下探索，問題越問越深，討論也會越來越徹底。談話結束之後，我要他回去思考一下，看看能否找到減虧的方法。

隔了兩天，這位主管告訴我，他知道該怎麼做了，並仔細陳述行動方案，而且真的具體可行，我終於能放下心了。

這是一個典型的透過問問題，以找尋解決方案的案例。越是麻煩棘手的事件，通常都不易處理，如果只問「如何解決？」這種結論性的思考很難找到答案，這位主管

第一時間的回答「做不到」，就是陷在過於簡化的思考中。

而引導他尋求解答的過程中，我做了幾件事：

一、不管合不合理，先接受命題，才能進入問題解決的階段。我要他先接受指令，這是第一步。

二、把理論性的「如何解決」化成無數的小問題，小問題明確而精準，容易找到答案，這是切割問題，切割是解決麻煩及複雜事件的開始。

三、轉換問題的問法，不再問「How」（如何），而是問「Who、What、When、Where」，通常行動方案，一定會包括「人、事、時、地」等，這種問法容易得到明確的答案，也會有助於分析問題的真相。

做任何事，通常不急著找答案，先學會問問題吧！

後記：

❶所有的學習都在提升心智、提升能力，並將其用在工作中，以完成任務並解決問題。

❷完成工作並解決問題，也是一項技能，也需要學習。

❸越困難的工作、越麻煩的問題，通常很難解決，不易找到答案，而學會問問題，通常是解決問題的開始。

8

學習檢驗

用自己的話說出來

任何學習都需檢驗學習成果。檢驗學習成果最有效的方法，就是讓學習者重述學習的內容，能重述學習的內容，代表知道，但還不確定是否真懂。要真正學會，就要讓學習者「用自己的話說出來」，而且別人也聽得懂，證明學習者已消化且融會貫通。

我的老師——政治學名師朱堅章先生，雖然只教了我一學年的西洋政治思想史，但他的一段話讓我永生難忘，也影響我一輩子的學習歷程。

大三下學期的第一堂課，朱老師拿著上學期期末考的考卷，一一點名講解。講到我的時候，朱老師說：「何同學答案和我上課說的都不一樣。」我心想，必是成績很差，沒答對老師想要的答案，被老師當眾批評，真不好意思！

沒想到朱老師話鋒一轉：「何同學把我說的話，用他的語言，重新說出來，顯然是充分消化了我的講義，這是最好的學習。」

大學四年中，其他要背誦的學分，我成績都不佳，唯獨對朱老師的課較有感覺，成績也尚可，因為朱老師允許我轉化重述，不強求照他上課的原文回答。

「用自己的話說出來」從此變成我在學習上的基本原則。學習並不在於原文重現，也不在於學到標準答案，而在於真正懂得其中的道理，消化其中的道理，並進一步把道理活學活用。而檢查是否真懂，最有效的方法就是「用自己的話說出來」，把所學到的知識，用自己話直述一遍，如果別人也聽得懂，那就是真正的學習。

我從小的學習習慣就是重理解、輕背誦。在上課時，我通常會全力以赴聽老師所說的道理，一面聽，一面解讀、消化，如果聽懂了、想通了，我就知道我學會了，因為我得到的是可以理解的道理。雖然我不會背誦原文，可是必要時我可以用自己的話，把道理、知識重說一遍；能背誦原文固然好，但不能原文重現也不重要。

朱老師的說法強化了我的學習經驗，注重聽懂道理、理解道理，分析其中的邏輯推理過程，然後最重要的是「用自己的話說出來」，當然要說到別人聽得懂。別人聽得懂，代表自己像老師一樣，能說出道理、能理解道理，真正到了融會貫通的地步。

「用自己的話說出來」和「重述原有的說法」，這兩者間有極大的差異。重述原有的知識，按老師原來的講法說一遍，這只是追隨，只是照著做，是「只知其然，不知其所以然」。而「用自己的方式說出來」，雖然不是道理的創新，但至少是表述形式的創新，說明已經透過學習消化了道理，才能夠在說法上創新。

學習不只要會追隨、會背誦，更重要還要能用自己的說法，重說一遍，這才是真懂。

後記：

❶背誦原文、原典，當然是一種重要的學習方法，但應只限於經典，限於傳誦千古的文字。一般的學理不宜背誦，只宜理解。

❷理解之後，如能轉述，讓別人也理解，才是已經學會的證明。

❸轉述非重述，轉述是要「用自己的話說出來」，有了新的次序、語意，也有了學習者的理解。

9 學習六步驟

看、聽、想、問、做、學

眼、耳、腦、口、手、心，是人類六個重要器官，這六個器官也印證了學習的六個步驟。

有效的學習一定要經過這六大步驟，缺一不可。尤其是沒有老師教的自學過程，更要實踐這六大步驟。

暑假期間，常有學生到辦公室裡實習，一個實習生在實習結束時留言給我，認為實習期間沒學到什麼，因為大家都很忙，不太有人教導他。

這應該是事實。我們公司用人精簡，確實可能會對實習學生缺乏照顧，我向這位實習生表示歉意，也承諾未來會改進，但我也和他分享了我的學習經驗。

大學期間，我有著豐富的打工經驗。多數單位都像我們公司一樣，對工讀生不太注意，如果只想賺點打工錢，目的可以達成，但如果想再學點經驗，那就要自求多福，等別人來教你是不可能的。而我的自學方法，可歸納為六個字：看、聽、想、問、做、學。

這六個字分別代表人的六種器官：用眼看、用耳聽、用腦想、用嘴問、用手做、用心學。到任何陌生的場域，只要讓我接近目標，我都可以用這套方法學到東西。

首先是用眼睛觀察：別人在做什麼？怎麼做？不放過任何細節。接著，用耳多聽別人彼此在工作上的交談，他們如何傳達指令，如何交換經驗，有哪些重點？經過看與聽之後，我通常能掌握出大致的工作內容與步驟。

再來，就要自己用頭腦去分析整個工作的內容：他們為何這樣做？道理何在？嘗試用自己的邏輯，說出工作內容、方法、步驟。透過想的過程讓自己融會貫通，並且找出不明白、看不懂的地方，這就是真正的奧妙與困難所在，也是我需要尋求解答的關鍵。

找到問題之後，就再開口問。工讀生是外來者，如果問了很簡單的問題，大多數人會沒耐性，而在「看、聽、想」之後，問出來的問題才會有意義，也才能直指工作的核心與奧妙所在。對這種有深度的問題，大家通常會願意回答，而且會對問話者另眼相看，不會敷衍了事。

再者，經過仔細分析思考之後的問題，不只有深度，而且問題也會變少，通常只要經過少數幾個問題，就能讓不明白的地方豁然開朗，不致對別人產生太大的麻煩。

做完這四個步驟後，我對整個工作的內涵大致有所了解，除了做他們主動交付的工作外，我還會自己找事做，必定要經過實做與練習，才算真正學會，這就是最後的「用手做、用心學」。

前三個字「看、聽、想」是「偷學」，因為只在於自己的用心，完全不用打擾別人；只要讓我在現場，我就可以觀察、聽聞、解讀。

後三個字「問、做、學」是「明學」，就必須打擾別人，但是打擾別人要精準、要有效率、要直指核心，甚至要旁敲側擊，在別人疏於防衛中找到真相。

透過這六字箴言，我常自豪的說：「你不用教我，只要讓我接近你，我就會自動學會。」我只要進入一個場域，我就能學會許多事，知道許多真相。等別人來教，畢竟被動而緩慢。

學習要靠自己，善用天賦的六大器官吧！

後記：

❶小學時，教室中的標語：眼到、耳到、口到、心到、手到，這是學習的要訣，當時不懂其理，長大後終於知道學習要如此，才能有成。

❷只要掌握這六字訣，我無須他人教導，只要讓我接近，讓我在一旁看，就可以自己學會。

❸不論明學（有老師教）或偷學，都需要貫徹這六字訣。

10

學習啟蒙

學會包粽子

學習無所不在，任何事都有學習的適用。八、九歲時學包粽子，這只是好玩、有趣的過節活動，可是卻是我極重要的學習啟蒙，也是我人生中極少數充滿樂趣的學習經驗。

我很會包粽子，包粽子開啟了我一生的學習經驗。

那是約略八、九歲的時候，祖母和媽媽帶領我們一起包粽子，通常小孩只是在一旁湊熱鬧的角色，但是我也想加入，老祖母疼我，只好讓我一起試試看。

祖母先示範一次，告訴我怎麼摺竹葉、怎麼放餡料、怎麼摺粽角、怎麼綁草繩，接著我就自己試試看。第一次可想而知，粽子一定不成樣子。

在多次嘗試後，我開始體會祖母所說的每一個步驟。我發覺祖母只說了大要，但許多關鍵性的細節她沒說，長大後，我才體會到祖母是個會做，但不會教的人。

試了幾次不成之後，我決定一步步跟著祖母的方法做。我看著祖母包粽子的每一個步驟，觀察每一個細節，看了四、五次之後，我自己試一次，看看到底哪一個步驟不順，我再停下來看祖母怎麼做，多看幾次後，再試試看。

其中捏粽角的部分，祖母總是能包出很漂亮的稜角，我問祖母該怎麼弄，祖母告訴我，要把內餡填實，才能捏出稜角。

就這樣，我慢慢讓自己熟悉每一個步驟，前二十個粽子的樣子很難看，可是包到三、四十個時，我已經能包出很漂亮的粽子。一個男孩會包粽子，而且包的是很漂亮的粽子，當然獲得眾大人的稱奇與誇獎，而我自己也獲得很大的成就感。以後每年端午節，都是我一展身手的機會。

在學會包粽子的過程，我自己摸索出一套學習的步驟：如果有人教，就要仔細的聽；我仔細的聽祖母教，然後嘗試照著包。

但真正的學習不在教，而在自己的摸索學習。在照著祖母的方法做，卻不是很成功之後，我試著自己揣摩。

用眼睛觀察是我學習的第一步，我盯著祖母包粽子的過程，仔細觀察每一個步驟：如何選粽葉、如何摺粽葉、如何拿粽葉、如何放餡料、如何填實餡料、如何包粽葉……，剛開始分不出這麼多步驟，但多看幾次後，我分解的步驟越多，對包粽子的理解也越深。

除了看之外，我也仔細聽所有人的對話，了解他們的經驗，接著，照著我觀察到的方法做，做的同時要想，要分析包出來的粽子好不好看，其中有問題時，就要問。

我摸索出來的學習步驟是：看、聽、做、想、問，分別用到了五個學習的器官：眼、耳、手、心、口；這是學習的五個要素，我在十歲前，就從包粽子得到啟蒙。

後記：

❶我學會包粽子，有個關鍵原因。當我想試試包粽子時，有大人說話了：「男孩子怎麼會包粽子？」我心中不服氣，下定決心要學會，激勵我認真學，果真就學會了。這說明了學習過程中「激勵」的重要性。

❷包粽子是一種技巧，沒有標準方法可言，我自己學會之後，就會因情境變化而調整。例如用兩片竹葉包，也可用單片竹葉包，可包大，也可包小，變化隨我意。這說明學習可以與時俱進，觸類旁通。

11 學習曲線

做多、做快、做好

任何事研究透徹後，都有學理，也都有方法論，學習亦然，而「學習曲線」就是重要的學習理論。

每個人都知道「台上十分鐘，台下十年功」這句勵志的話，其實背後就是「學習曲線」改善理論。

一九三六年，美國的懷特在研究飛機生產過程中發現，當生產數量增加，所需的勞動時間、成本、錯誤率，都會相對減少，並且提升生產效率。這條相對關係曲線，稱為「學習曲線」。

效率改善的原因是因為重複生產之後，工作者的熟練度及方法改善所致，這是學習的效果。

學習曲線被廣泛運用在生產管理及人員訓練中，這個理論對個人能力的提升，也有重大的參考價值。

我把學習曲線簡化成簡單的工作準則：做多、做快、做好。

剛開始做任何事，我們一定不熟練，可能也不會做，但是只要重複做，做多了，練習、學習的次數增加了，就會逐漸熟練、就會做了，也會越做越好，越做越熟練。

這其實是人盡皆知的簡單道理，但經過學理的研究分析，絕對有助於我們突破學習的障礙，強化我們努力學習的信心。

人都有操切之心，也都求好心切，難免期待做任何事都能快速上手；一旦無法快速上手、無法一次做好，就會產生挫折，因為挫折就喪失興趣，甚至喪失信心，很可能會因此放棄，這是人性的弱點。

學習曲線告訴我們，只要我們持續做、不放棄，做多了就能逐漸上手；學會後，所需時間就越來越少，品質也會越來越好。

我剛當記者時，寫五百個字的新聞，要花半個小時，文章也不通順，但幾年記者當下來，在每天交稿、截稿壓力的磨練下，我最快的速度可達每小時三千字，當然文筆也越來越好。

而第一次上台演講時，我甚至在台上「停電」，講不出話來，但是我持續上台、持續練習，現在我雖不是專業的講者，但是上台侃侃而談一、兩個小時不是問題。相反的，我如果因為一次「停電」，從此不敢上台，那麼我將永遠學不會演講。

我學高爾夫球時，老球友告訴我，打不好是因為「欠打」（意即打得少），只要打多了，練習多了，球技就會進步了。於是我勤上練習場，常常一次五百個球、一千個球，打到手指破皮，果真我的球技突飛猛進。

這些都是學習曲線的明證，只要多做，做多了就會少犯錯，就會做得快、做得好，這是學習的不二法門。

後記：

❶學習曲線圖：如下頁。

❷學習曲線不只運用在個人，表示人員的工作因熟練而效率提升，也可運用在組織上，可擴及技術進步、產品設計的改良、流程的調整、管理水平的提升等，都會出現學習曲線效應。

❸經過仔細的研究，日常的智慧都有其深奧的學理，理論誠有用！

圖❶

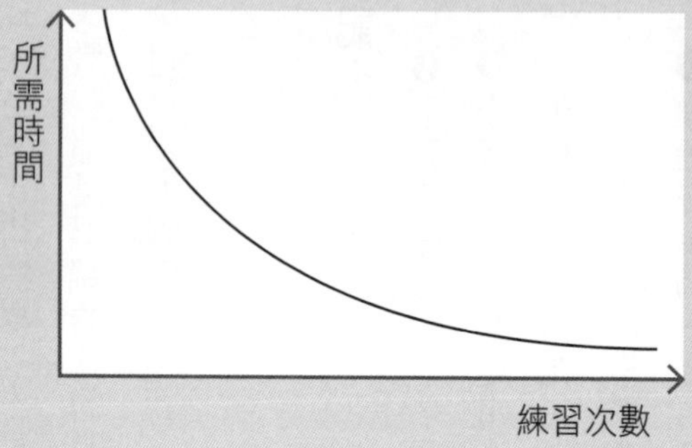

圖❷

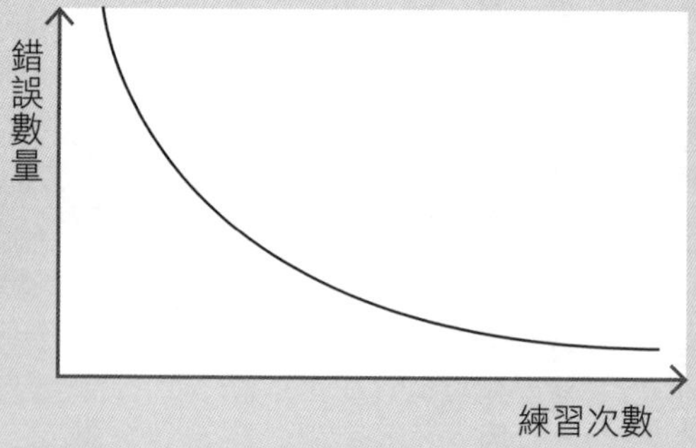

圖❸

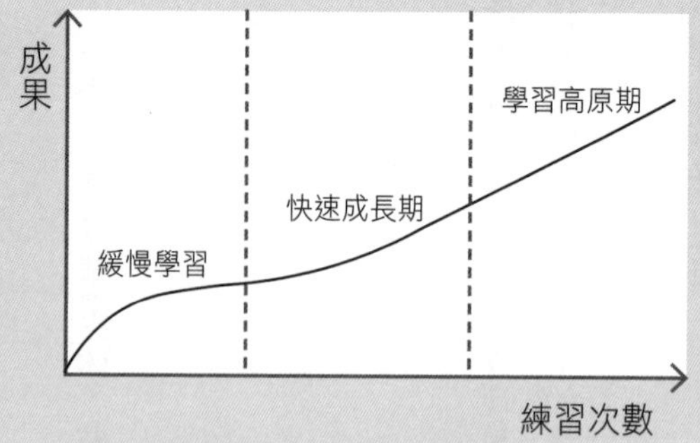

圖❶：練習次數越多，導致每次完成的時間下降。
圖❷：發生錯誤的頻率，會隨著練習次數而下降。
圖❸：工作成果會隨著練習次數增加而提升，但剛開始時緩慢，接著會進入快速成長期，最後會進入學習高原期。

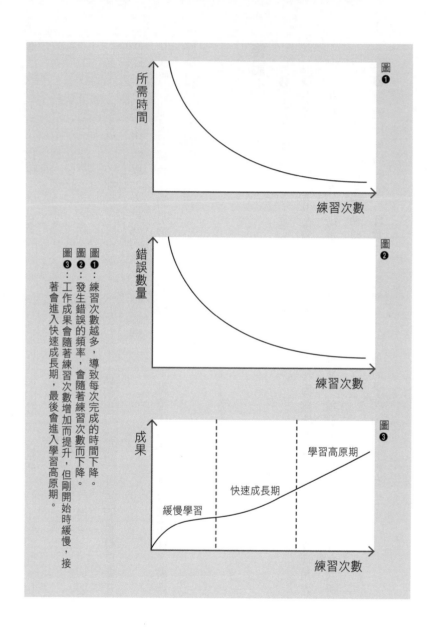

12 學習態度

去買房地產——實踐是「學會」真理的唯一途徑

道理人人可懂，但真正能付諸實踐、實際運用者，才能真正體驗其道理，享受學習的果實。

這是一則非常經典的把知識實踐、實用的故事，可令所有學富五車，但一無可用的人當作借鏡。

一位台灣知名的教授，擁有非常多房地產，讓我感到非常好奇，他告訴我，這些財富都是他父親留給他的。他父親是標準的理財達人，投資精準，他講了一個他父親投資的故事，讓我十分佩服。

他父親在中美斷交之際，正因病住在台大醫院治療，因為害怕影響父親的病情，他們沒讓父親知道這件震驚台灣人的國家大事。

但在介壽路（編註）及中山南路上，憤怒的台灣人正在大遊行，抗議美國背信忘義，人聲鼎沸，驚動了這位教授的父親，一再追問：「發生了什麼事？」禁不起父親的追問，他們只好據實以告。

沒想到，他父親知道中美斷交後的反應是：立即去買房地產。因為在入院前，正在洽談中的幾筆房地產交易，因為價格談不攏而擱置，他父親判斷，這些業主在聽到中美斷交後，必然跳樓大拍賣，絕對可以撿到便宜。這位教授自承，他父親的投資眼光絕非常人所能及，也因此庇蔭他們擁有龐大的財富。

聽完這個故事，我再一次驗證「知道真理」與「學會真理」的差距。投資學談到「危機入市」是獲得巨大利益的良機，道理人人知，看書學就能懂，但是有幾人真正學會？知道不重要，聽懂也不重要，要學會就要能做到，要能做到，就要能實踐，所以實踐是「學會」真理的唯一途徑。

我很早就知道「危機入市」，也知道「人棄我取」，但是在每一次股市非理性大崩盤時，我從來不敢危機入市；當每一個人都哀鴻遍野時，我也覺得世界末日到了，所以不敢反向操作。所以聽到這位教授父親的故事，我再一次思考，如何真正學會真理，如何把正確的道理拿來運用，這才是真正的學習、真正的學會。

許多人很認真學習，知道很多道理，而且對這些道理深信不疑，但是卻無法實踐。他們面對關鍵時刻時，還是依然故我，沒能按照真理去做，仍然只是個無知的市井小民，這代表我們從來沒有真正「學會」真理，只有懂是沒有用的。

這種劇情太普遍了：小時候，老師教我們不要做大官，要做大事；長大了，我告訴自己，不做大官，怎麼做大事？激勵大師教我們，不論遇到任何惡劣情境，都要正向思考；但實際上，我還是陷在失敗的情緒中，擔心厄運的降臨，而不是想方法努力尋求解決。宗教告訴我們，要原諒你的敵人；可是我們會告訴自己，這個人把我害得那麼慘，我和他不共戴天，不報復已經不錯了，怎麼還能原諒？

小時候，課本裡教過孫中山「知難行易」的故事，實際上，許多簡單的大道理也許人盡皆知，但卻行不得。行不得的原因，是我們並非真心誠意的相信，也代表我們沒有真正「學會」。

真正的「學會」，要來自「實踐」。我開始試圖做一些改變，把過去知道、聽過的道理，嘗試真正實踐一下，竟然發覺這是困難無比的事；我知道，我離真正「學會」還很遠。

編註：現稱凱達格蘭大道。

後記：

❶所有的學習都要可用、能用，才能發揮學習之功。

❷遇到管理問題時，我常從管理書中找答案；遇到行銷問題時，從行銷學找答案；做生意時，從經濟學找答案……，經常會有意想不到的效果。

❸「學」與「用」絕對是兩件事，實踐、運用也需要學習。

13 沒有效果的學習

菜籃族知識分子

每個人都重視學習，但真正得到好處的人並不多，知識豐富卻不會活用，就像用茶壺裝餃子，倒不出來，也吃不到。

更多的人學到了，卻不相信，留在嘴巴說說而不做，只是言行不一，自我欺騙。

一對朋友夫婦，兩人都是台大經濟系的高材生，都在知名企業工作，也都在做股票投資，但結果是虧損的多。社交場合中，他們最常談的是股票，最常問的問題是：哪一支股票會漲？有什麼內線消息？

我看在眼中，感慨萬千：為何兩位高級知識分子，投資行為卻像市井小民、菜籃族一般？大學教育讓他們擁有一個不錯的工作，但似乎沒有在行為上留下痕跡。

事實上，社會中充斥著這種人：長期學習、努力學習，卻沒有改變、沒有效果，行為依然故我，困境依舊存在！

長春藤名校畢業的ＭＢＡ，在實際經營公司時自以為是，獨斷獨行且不肯授託，導致團隊分崩離析、績效不彰，過了蜜月期，只好黯然離職。

一個虔誠的教徒，耶穌佛祖不離口，謝謝感恩不離嘴，奉獻捐輸不落人，只是回到紅塵，依舊心狠手辣、奸詐狡猾、背信棄義，有錢我最大，得意不饒人。

「菜籃族知識分子」、「名校經營白痴」、「虔誠的惡棍」，他們都有一個共同的問題，就是重視學習、努力學習，但是學習無用，行為沒有因而改變。

人為何要學習？因為要提升自我、改變能力、改變行為。得到知識技能只是過程，並非目的，行為改變，結果改變，才是學習的最後目的。

維基百科對學習的定義是：學習是透過教授或體驗，獲得知識、技術、態度或價值的過程，從而導致可量度的穩定的行為變化。

很明顯的，學習的最終目的是改變行為。學習不只是要獲得知識和技能，更重要的是要把這些知識和技能，使用在相關的行為上。經濟系的高材生，理論上擁有必要的股票投資專業知識，但如果只是找內線、聽明牌，就是行為沒改變，那學習何用？

ＭＢＡ的高材生亦復如此，或許可以找個託辭：理論與實務有落差；但有了理論，應很容易自我校準調整，如果無法調整，應是學習無效。

學習不只在知識技術上，也在態度、心性、價值觀上，「虔誠的惡棍」顯然是「說」與「做」的巨大落差，在神前承諾要行善、在神前努力修養心性，這都是學習，可是學習之後的價值觀改變、心性純化及性靈的提升，就需要真實的改變行為，並且需要持續而穩定的改變。

這就是學習的盲點：重視外在的知識技能，忽略內在的態度、價值與心性；強調學習內容的獲得，而忘記學習之後的應用與改變。

我們應當重新認識學習——要學習，也要實踐；透過學習來提升自我、改變行為，也改變世界。

後記：

❶冷靜觀察生活周遭，一定不乏「菜籃族知識分子」，也不乏「名校管理白痴」，至於「虔誠的惡棍」，其中許多是勇於捐輸的生意人，他們的行為反而較像是買贖罪券。

❷行為未改變的學習，可能並沒有把知識、價值觀和態度，內化為自己的信仰，雖眼到、口到、耳到、手到，但心未到，腦未到也。

14 學習想像力
用想的理解電腦

游泳教練卻不會游泳，高爾夫教練球卻打不好，這不是空話，而是常有的事，因為人可以很懂道理，但不會做。這說明了學習有各種面向，而學習也有各種可能。

有一種方法，是用想像力學習，懂其理、用其理，但卻不會實做。

我不會用電腦，但最近十幾年來，卻每天要和電腦奮戰。別人學電腦、用電腦，是用手，而我是用想的理解電腦。

大一的時候學英文打字，試了幾次，手指就是不靈光，看著同學都已經可以十指並用，而我還在一指神功，就放棄了，從此形成我的鍵盤恐懼症。

後來學電腦，看到鍵盤，我直覺的認為這是我這輩子學不會的事，所幸二、三十年前，電腦也不普及——不會電腦，似乎也沒什麼！我自己也準備這一生不要與電腦有關。

可是一個偶然的情況下，讓我開始用想的理解電腦。當時我要做一個財經資料庫，一定要使用電腦處理，也需要和電腦程式人員溝通。他們問我要做什麼？我描述了我的想像，開出了使用者的需求；而要在大量的資訊中找到所需的資料，當時全文檢索的技術還不足，他們告訴我要下關鍵字。

後來我才知道，這叫做需求分析、規格開立、系統分析，我對電腦的理解不是來自手動的操作，而是資料庫。

而後一九九四年創辦《電腦家庭》（*PC home*）雜誌，這是一本給外行人閱讀的大眾電腦使用及學習雜誌，理論上，我應該利用這個機會，以自己為樣本，率先自己學會電腦使用；但是當年打字的挫折陰影仍在，我雖有心學習，仍未能成功。

後來我給自己找到一個藉口，公司中需要一個電腦白痴，做為最低水平讀者的樣本，而我樂於扮演這種角色，繼續當我的電腦白癡。

我真正用「心」徹底理解電腦是在二〇〇二年，當時我下定決心導入ＥＲＰ系統，讓公司的作業流程全電腦化，來統整公司的內部經營。導入顧問告訴我，ＥＲＰ的成敗，取決於企業最高主管是否真懂ＥＲＰ的功能。我無法逃避，只好全程參與整個解說，也全心投入。

我的ＩＴ主管畫了一張蜘蛛網般的電腦系統現況圖，比對ＥＲＰ上線之後簡單明瞭的美麗新系統後，我既興奮又期待，全心去理解電腦的功能、硬體規格及軟體系統。

到了二〇〇五年，公司的ＥＲＰ系統上線，我對電腦功能的理解及各種限制，已經毫不陌生，可是我仍然不會使用電腦，寫稿仍用紙張，打字則是「祕書輸入法」。

二〇〇七年以後，公司面臨數位世界的變革，我們每天都在研發各種網站，公司充斥了各種電腦專業人員，這些人最令人討厭的就是老是使用電腦專業術語，而我都聽不懂。

但我不能不懂，我要求工程師用我能懂的語言解釋給我聽，我必須理解其中的關鍵。就這樣，我用想的理解電腦。

現在，我對所有的電腦專業知識都有基礎的理解，也充分理解這群「怪異」的電腦宅男們的個性，能與他們講道理，他們也不太能唬得了我。我應是理解電腦的人，雖然我還是不會使用電腦。

後記：

❶這不是好的案例，我常想，如果我懂得如何使用電腦，我能發揮的力量，一定千百倍於現況。只可惜我從小畏懼鍵盤，一直未能學會打字，電腦是我終身之憾。

❷如果真的會用電腦，我其實不用學得很辛苦。

15 學習進程
錯對對錯錯錯對

學習是一個逐步推演的進程，隨著時空變異，隨著經驗加深，方法會變，邏輯會變，當然結論也會跟著改變。

學習是一個「錯對對錯錯錯對」的進程，學會反省、推翻、再學會、再反省，誰知道何者才是正確的答案，今日之錯或為明日之對，唯虛心是真理，唯反省是不變。

我是一個心急而脾氣不好的人，年輕時的創業過程中遭遇許多磨難，那時同事只要犯錯，我一定立即當眾指正，有時也不免聲音過大，讓同事有許多挫折。

一位稍年長的同事提醒我：揚善於公庭，規過於私室；他建議我不要當眾指正同事的錯誤，以免讓同事太難堪。

聽了這話，我立即從善如流，看到問題、錯誤，當下一定要隱忍，再尋找適當的情境或私下的場合，給予建議；而同事們對我的改進也大加讚揚。

慢慢的，我發覺這好像也不完全對，「揚善於公庭」基本上沒問題，但「規過於私室」就很值得商榷。

如果不是糾正錯誤，而是給予更好的意見，雖然會讓當事人有些為難，可是好的意見其他同事也可參考，如果只是私下建議，反而無法得到集體教育學習的效果。

再者，如果同事犯的錯，已經違反公司規定、破壞紀律，這種事當然應該公開處置，以昭炯鑒，怎可規過於私室？

經過這樣的轉折後，我再度決定不規過於私室，破壞紀律的事一律公開嚴格處置，而小錯誤、小建議，我也會公開提出。但我加了個前提，這只是對同事的提醒與建議，並不涉處罰，請大家用「聞過則喜」的心情接受並改進，而別人也可以一起學到經驗。

一律建議於公庭、規勸於公庭、警告或懲戒於公庭，這樣雖然效果直接而有效，也省去了我很多心思，可是，經過一段時間之後，我又發覺仍有一些問題。

有些人特別敏感，公開建議與警告對他們的打擊太大，有時候會想不開。還有一些職位較高的主管，如果犯了錯被公開糾正，會影響其日後帶人的威信，因此簡單的

「一律公開原則」並不適用。

我決定再進行調整。我把「規過」分成四種：建議、規勸、警告提醒、處罰；建議與處罰一律公開沒問題，但規勸、警告，因為可能錯誤未發生或不明顯，可視狀況公開。

另外，我又針對「人」進行分類：開朗的人、自信的人、願意學習的人，可公開建議與規勸，但自卑、脆弱、敏感者，則要小心處理。至於主管的錯，也要小心的選擇性處理。

這件事讓我學到「管理沒有絕對的答案」。我的學習過程正是：錯對對錯錯錯對；不斷思考、檢討、調整，只要我不剛愎的認為自己對，絕對仍有改進的空間。人生正是「錯對對錯錯錯對」，而學習也是「錯對對錯錯錯對」。

後記：

❶一般的知識與技藝比較不會有這麼複雜的變化，頂多只是加些限制條件，做些修正，但涉及人，變化就大了。

❷在我所有的學習中，創業及管理因涉及人、環境，以及各種要素的轉換，就會出現這種不斷肯定與自我顛覆的現象。結論是，關於人的事務沒有絕對的道理。

16 學習態度
休假、放空、學習

學習有被動、主動之分，被動通常要有老師、有場域、有時間限制，但主動學習就發自內心，可以不限時間、地點、場域，隨時可以展開學習。自學、自主學習、偷學，都是從學習者個人的行動出發，只有徹悟學習的態度，就會豁然開朗。

一個工作超過十年，表現極為傑出的主管，忽然提出休假三個月的要求，由於事前沒有任何徵兆，代表此事絕對不尋常。

我試圖了解狀況，並協助他，我問他：「為何要休假三個月？這三個月要做什麼？」他沉吟不語，代表他對我並不信任。

我嘗試展開話題，是工作遭遇瓶頸了嗎？「有點累，我喜歡做書、編書，但現在做的多是管理、管人的工作，但我發覺我不是位好主管。」終於有回應了。我告訴他，我也不是好主管，到現在還在摸索；而且知道反省自己不是好主管的人，才有可能變成好主管，壞主管自以為是，從來不知自己是壞主管。

接著我問，休假三個月要做什麼？他又沉吟，我只好導引他，是要出去旅行，放空一下，還是要去上課，學些新東西？「都給你說中了，我想全台灣走一走，拍些照片，寫寫感受，徹底放空一下，也會去上些課。」

他接著反問：「何先生，你都沒想過要去休個假，玩一玩，放空一下，或是去進修嗎？」

好問題，我正想分享我的經驗，「我無時無刻不在玩樂，所以我不會想放假去；我也無時無刻不在放空，所以也不會想去放空；我更無時無刻不在學習，所以也不需要專程去學習。」

這個答案讓他十分意外，我需要進一步說明。工作、挑戰新事物，是我最大的樂趣，所以我在工作中就是玩樂，當然我也會去旅行幾天，找個地方玩一玩，但不會休長假。

至於放空，人的確需要這樣的狀態，但我把轉換環境與情境當作放空。我去日本開會、我去上海談事情，時空轉換、離開例行工作，這對我而言都是放空。我在家的時間，會看各種與工作無關的書，這也都是放空，所以我不會需要長時間放空，以解答自己的人生疑惑。

而在進修學習上，從學校畢業後，我幾乎沒再進過課堂，可是我每天都在改變。在工作、在生活中，面對每一件事，我都十分好奇，追問原由、找專家詢問，或經由閱讀，從書中找答案，我在許多領域變成專家，修鍊成自己的「自慢」絕活。我上過幾天的課程，但幾乎沒想過長時間再去學一件什麼事，因為在生活與工作中，我每天都有學不完的事物。

聽完我的話，他問：「這樣的境界，是要靠時間去完成呢？還是轉念？」這個年輕人確實傑出、有慧根，能問出這樣的問題。

「轉念與時間都需要，但要先轉念，再實踐」，每一個人都可以做到，我並不是知道才這樣做，我年輕時是因為要工作、創業、拚命，根本沒時間休假、放空、學習，所以我只好用這種方式休假、放空、學習。剛開始只是心靈上的自我療癒，可是後來真的用這種方式找到答案；我無時無刻不在工作，但也隨時在放空、休假、學習。

我同意他休一個月的假，去旅行、去拍照寫作，希望他能找到他要的答案，我期待，也祝福！

後記：

❶凡走過必留下痕跡，凡做過必得到經驗；事物不論對或錯，均可借鏡，皆是學習。

❷徹悟學習，就可知道學習無所不在，不論生活、工作、休閒、居家，都可得到啟發，其關鍵在於好奇與研究精神。

17

學習真相

適應「輸」的感覺

人生所有的事都需要學習，我們要有一門課學習如何「輸」，適應「輸」。

「輸」從來不在每個人的人生規劃之中，但其實「輸」本來就是人生的一部分，而且是需要的一部分，只是大多數人像鴕鳥一樣把眼睛埋在沙裡，就以為輸不存在，其實輸是可學習的，也需要認真學習。

小學五年級，第一次認識「輸」的感覺。

學校要選代表隊參加校隊運動會，我初選上了短跑培訓，但最後我被淘汰了，另一個課業成績不怎樣，但跑得真的很快的同學選上了。我真的跑不過他，我「輸」了！

輸是痛苦的，代表你這一次不如別人；認輸更加痛苦，代表你可能這輩子永遠不如別人。

上了高中，有另一次刻苦銘心的輸。班際足球賽，我們班有三個校隊選手，我們一向認為冠軍應該是我們的，沒想到第一場我們就輸了，事情怎麼會這樣呢？這怎麼可能呢？我懊悔、生氣，但又能怎樣？

上了大學，輸變成已知的結論：我們永遠輸給台大。

大學時代，我打橄欖球，台大橄欖球隊有體育保送生，再加上理工、醫學院的男生多，橄欖球隊兵多將廣，而政大女生居多，相較之下，橄欖球隊員身材不佳、速度不快，每一屆都輸給台大，我們似乎只能爭第二名。

當輸變成已知，我只能期待輸得少、輸得有氣派、輸得不難看。

人生就是一場永無止境的競賽，隨時會有輸贏，隨時都會有結果。贏不需要學習，更不需要適應，因為成果甜美，只要盡情享受贏的感覺。

輸是挫折、是痛苦，更可能是災難，人人都不想輸、害怕輸，但卻一定會有輸的時刻，所以「輸」需要學習，需要適應，需要理解，需要知道如何不輸。

我們不能拿實際的人生來當輸贏的實驗，每一次都要贏，贏了才有成果、才有光榮。想明白輸的感覺，知道如何適應輸、學習輸，嘗試努力不輸，那麼，「運動」是最佳的練習場。

慶幸的是，我從小就愛好運動，在運動中我明白輸的本質，熟悉輸的感覺，知道輸的痛苦；我在輸中得到教訓，也知道如何才能避免輸，並從輸中轉成贏家。

小學短跑的輸，讓我知道有些事是不可能改變的：我的身材讓我在短跑的舞台上不可能贏，所以這不是我的舞台；我知道人生要先選擇戰場，否則永遠是輸家。

高中球賽的輸，讓我知道球是圓的，再強的球隊，稍一不慎就可能落入敗部；在比賽中，每一分、每一秒、每一場、每一個過程，都要戒慎恐懼，都要全力以赴，否則會跌入痛苦的深淵，萬劫不復。

大學橄欖球的輸，讓我知道團隊合作，讓我知道要怎樣努力練習，讓我知道輸還有許多不同的層次，就算輸也不能輸得難看、輸得失志，要輸得讓對手為你鼓掌，讓贏家為你疼惜。

當我回到人生，我知道何謂輸、如何輸、如何不輸、如何從輸到贏。

不愛運動的人，直接在人生中體驗輸贏，輸了會手足無措，輸了會傷痕累累，因而會怕輸。不知輸、不認輸、不易贏，也不知如何贏。

人生一定要找到一項運動，調劑也磨練自己，這是另一種學習！

後記：

❶學習的目的通常是想成為人生的贏家，不會有人想輸；只是，沒有人能免於輸，最好的人生態度是把輸當作過程。

❷美好的人生，是在蓋棺論定時停在「贏」，贏著閉上眼睛告別，而讓輸停在過程中。

❸既然不能免於輸，就要學習輸，知道如何輸，何時輸。

18 學習技巧

五分鐘學習法

時間緊迫時，以五分鐘為原則，將有用的資訊，看多少算多少。看完後，一定要記住這項資訊的標題、關鍵字及作者等，以備日後要再讀可找到。

對人的學習也是如此，要在五分鐘內，把對方的專長、自己感興趣的問題，用聊天的方式立即學習。

我是一個好奇的人，經常看到許多東西都覺得有趣。過去我常想，等有空時好好學一學這件事，可是這永遠只是一閃而逝的念頭，不可能真的有空，也不可能去學。

後來我確定這種「等有空好好學」的想法，絕對是自欺欺人的自我安慰，永遠不會實現。後來我讀到一篇文章，談到任何事都要把握現在，立即學，學多少，算多少，我決定不再「等有空好好學」。

從那時候開始，我看到一篇好文章，我下決心當下就讀完，仔細吸收。雜誌上有任何報導，立即靜下心來看，務必看懂讀會。朋友分享任何訊息，我也是立即看、立即吸收，看完之後，如無再用可能，則刪除，有用則收藏。

當我採取了這種即看、即學，學多少算多少的方式之後，我的學習眼界大開，自己也快速成長。

其中最大的好處是：避免了不必要的搜尋時間。過去見到有用的訊息，因為未能立即學，日後需要用時，經常找不到這篇文章，浪費時間尋找，而且還可能因為找不到，充滿挫折。

力行即學即看之後，對內容已有深入了解，用時不太需要回溯原文，就算要回溯原文，也不致找不到，垂手可得各種有用資訊的感覺，十分受用。

習慣即看即學產生另一項問題，常不知不覺進入隨機學習，以至於拖延了正在進行的工作。為了改善這種困擾，我又發展出即看即學的進階版——五分鐘學習法。

看到有用的資訊，如果時間緊迫，以五分鐘為原則，不管看得完看不完，五分鐘內全力看，看多少算多少，之後就要回到正常工作。而在結束前，一定要記住這項資訊的標題、關鍵字及作者等，以備日後要再讀可找到。

所以看到有用的資訊時，立即要判斷長度、可能的學習時間，以決定學習對策。

當然時間許可的話，就可以不必如此緊張。

這種五分鐘學習法，不僅能夠運用在文章及訊息上，也能通用在對人的學習。遇到專家，也是重要的學習機會。過去我也一樣想，改天好好親近學習，可是後來我一樣改採「即問即學」的方法。把握第一次見面的機會，把對方的專長、自己感興趣的問題，立即把握時間，用聊天的方式學習。

專家難免高傲，請教要把握仰慕的態度，對仰慕者，任何人都很難拒人千里，通常任何問題，對方都會回答，要像個小學生見到老師，不斷纏著追問，大約在五分鐘之內，我都可滿足需要，也足夠讓對方留下深刻的印象，日後要再請教，也不至於像個陌生人。

「五分鐘即看、即問學習法」是我自己體會實踐的學習祕訣，不但可填滿生活中的碎片時間，轉化成有用的學習，也可增廣見聞、廣交益友，是我自慢的學習方法。

後記：

生活中，處處可學習，隨時隨地皆可取材，根本無須等有空再好好學。把握通勤、等人的零碎時間汲取新知，絕對會有令人意想不到的聚沙成塔之效。

19 學習祕訣

看過就忘了——空出記憶空間

人的記憶容量有限，也不可能記住所有的事，對於痛苦及悲傷的事，更需要遺忘，否則人無法存活。

人也不可能學會所有事，「選擇」變成學習重要的訣竅，一定要有所捨，才會有所得，要忘記一些無關緊要的事，我們才能真正記住我們想學會的事。

台灣有線電視充斥了各種重播的節目，偶爾我會看其中的電影台，那是放空與休息的時間，隨著電影中的劇情，給自己一點休閒與想像的空間。

常常在看了許久之後，透過某些劇情、某些場景的提醒，我會忽然想起來，這部電影我已經看過，可是就算我知道這部電影我已經看過，但我卻想不起相關的劇情，就算看第二次、第三次，我的感覺都像第一次一樣新鮮，我幾乎忘了電影中所有的劇情了。

對這種奇特的現象，我害怕是不是得了老年痴呆症，為什麼明明已經看過的電影卻完全不記得？為了找到原因，我仔細做了自我檢視，發覺我並不是記憶力不佳，而是選擇性忘記——我對許多事記憶力極佳，但是對另外一些事，我卻是「看過就忘了」！

電影我看過就忘；演唱會我聽過就忘；去迪士尼遊玩，儘管已經去過不只一次，但我完全不記得迪士尼樂園長什麼樣子；聽到別人的蜚短流長，我也從來不記得；對別人的私事，我也從來不關心，也不想知道，就算聽到，也轉身即忘。

總之，只要不是「正事」，而是休閒娛樂的事，我會著重在當下的享受；享受過了，就自動從腦中的記憶體刪除，幾乎不留下任何記憶。

可是有些事，我又記憶力超佳。小時候念唐詩、讀宋詞、看古文，我都有過目不忘的本事。許多文章，我記得一輩子；有些體會，我不只記一輩子，而且會活用一輩子。直到最近漸顯老態，這方面的記憶力才稍差。

而只要和「知識」有關、和工作有關，以及被我認定為未來可能用得著的「正事」，我也是記憶力超佳。在閱讀與學習的過程中，我經常是理解、思考、背誦全部用上，用心去解讀其中的道理，思考其中的意義，甚至還會念幾遍，讓這些屬於「正事」的知識，在我腦中停駐不忘。

還有一種情境，我也會過目不忘：小時候媽媽教訓我之後，在一旁傷心的樣子；女兒畢業時，上台領獎的燦爛笑容；第一次踏上中國，廣州白雲機場人山人海的場景……，這些都是我用全心全意，用真心、用真情的感受，我一輩子都不會忘。

有些人認為我的學習速度很快，擁有各種豐富的知識，我終於知道答案，我腦中的記憶體沒有比別人容量更大，我之所以會多一點經驗、多一點知識的原因是，我隨時自動刪除不相干的非正事、道聽塗說的流言、別人的事、電影的劇情、純娛樂的場景、八卦新聞，這些都是當下看過、聽過、經歷過、歡笑過，就已足夠，不需要，也不會在我腦中占據任何記憶空間。

或許我是個無趣的人，可是這種自動刪除的功能，讓我能記住更多想記住的事，加速了我的學習，也提升了我的能力。

後記：

❶每個人都有特質，也有專長，絕對不要強行自己對每件事都在行。

❷我雖然也喜歡吃喝玩樂，但過後就忘。這種事是當下的愉悅，不必占用腦中的記憶空間。

❸但對想做的事、有用的知識，則要花心思記憶學習。

20

強迫學習
真心從假意開始

有些事違反自己當下的認知，也可能非自己真心誠意相信，但這件事如果又是普世價值，又是真理，那麼我們如何學會呢？

真心從假意開始，先實踐、強迫自己去做，這是學習的第一步。

我人生中的第一份工作從保險業開始，所以我認識非常多保險從業人員，也從他們身上見識人性改變的奇蹟。

其中，一位非常成功的保險工作者，我看著他入行，從完全不懂保險、不懂銷售開始。前輩告訴他，賣保險要從關心別人、從服務開始，他很努力的學習，每一天笑臉迎人，熱忱的對待每一個他接觸過的人，經常打電話問候、送生日賀卡或小禮物，他的過度關懷有時會讓人害怕，因為每個人都看得出來，他關心背後的業務目的。

當時我在想，把關心做得這麼勉強、這麼「假」，誰能接受他呢？

約莫十年之後，我們再度碰面，他仍然友善、熱忱，關心依舊，也依然在做保險。存活著，就代表他做保險做得還可以，這時我已感受不出他關懷的勉強，那種「假意」已經不存了，換之而來的是人情的練達。

中間再有二十年我們沒見，但我聽聞他已成為保險界的頂尖人物，後來再次見面，我十分訝異，他一臉和善，讓人如沐春風，似乎完全變了一個人。稍加深談，我充分感受到他的誠懇、善意、關懷，不只「假意」不再，連世故、練達也沒了，換來的是人與人之間的真誠對待。

我想起了當年與日本保險界傳奇人物柴田和子見面的經驗，她完全不像個超級銷售員，而是個誠懇、善良的媽媽，讓人樂於接近。我知道，當有人終身奉行一種信念，剛開始雖只有外顯行為的遵行，內心並未完全心領神會，這時難免有「假意」，可是只要持之以恆，日日行之，假意也成真心，人的心性也隨之徹底改變。

於是，我找到自我修鍊的關鍵方法：真心的修鍊，要從假意開始。

「假意」指的是行為的表面遵行。與人相處需要愛與關懷，是否真心可以容後再說，但要先在行為上顯露出來：言語上的問候、相處的禮貌、生活上的互相幫助、遭遇困境時的即時援手……，剛開始一定是形式，這時候假意大於真心。

再如媳婦對於公婆、女婿對於岳父母、長官主管對於部屬、老闆對於員工、老師對於學生、生意往來的雙方等，這些都需要真心，也需要誠意，可是在互動的初始，彼此認識有限，要真心很難。

然而，只要按照正確的對待，不斷的重複，行為會變成信念，信念會感動對方，「真誠對待」就出現了，人性也跟著改變了。

後記：

❶強迫學習是極重要的學習方式，生活中充斥著強迫學習的案例，尤其是違反人的自私天性的一些高道德情操；大多數人相信的過程，是來自於被迫性的實踐過程。

❷沒有真心的實踐，當然是假的，但做久了，日久成習，也就成真了。

21 學習節奏
百米競賽與馬拉松

許多學習要經過漫長的過程，如何調整學習節奏，影響學習成果至鉅。短時間快速衝刺的高密度學習，會有速效，而長時間永不停止的追逐，可見累積之功，都是學習過程中不可或缺的方法。

百米賽跑在考驗人類速度的極限，看看人類最快能有多快；比賽的人要用盡所有的可能，在最短的時間內完成，講究的是速度。

馬拉松則是考驗人類耐性的極限，看看人類能跑多遠；比賽的人講究的是長期的耐力，用節奏、速度，讓人類能跑得長、跑得遠。

這是兩種完全不同性質的競賽，一種要快、另一種要久；一種講究短期的爆發力，一種講究長期的堅持，正好反映人類的兩種特質。人生的每一件事，都包含這兩種面向。

每個人的成就有多高，取決於學習，而學習也講究百米競賽與馬拉松的精神。

一生的學習過程就是一場馬拉松長跑，我們無時無刻不學習，只要不停止，就會有進步；不怕慢，只怕停。過程則有時快，有時慢，快的時候學得多，但不可把氣力放盡；慢的時候則調整節奏，保持前進並準備下一輪的衝刺。我們一生成就的高度，就取決於我們什麼時候退出這場學習馬拉松的競賽。

而學習的每一個階段，都要不時啟動百米競賽，短時間全力以赴，快速衝刺，讓學習成果快速提升，出現跳躍式成長。

剛開始學習時，因新鮮有趣，而狂熱、而啟動百米衝刺，就像我初學高爾夫的前半年，每週兩到三場，再加練習場，整個人沉迷其中。

在遭遇學習障礙時，也要啟動百米衝刺。困難久久不能克服，我們會選擇放棄，所以克服障礙最好的方法是限期解決，啟動百米衝刺，不解決不停止。

在面臨重要關卡時，也要啟動學習衝刺。考試前，我們會不眠不休，頭懸梁、錐刺股；承擔重大任務時，我們也會啟動學習衝刺，務必在最短時間內完成事前準備；在最後決勝時，我們也會進行百米學習衝刺，因為成敗在此一舉。

學習就是在馬拉松與百米競賽之間徘徊，不時要用爆發力衝刺一下，完成衝刺後，又要回到馬拉松賽跑的節奏調整與配速，稍微放慢腳步，目的是維持前進與成長，進而等待下一輪的衝刺。短期的學習效果是看衝刺、看爆發力，可是長期的學習效果則要看耐性、看堅持，兩者互為表裡，不可偏廢。

每個人可以按自己的個性去進行學習，有人習慣百米衝刺，但有人強調馬拉松式的持久學習。我們可以專精其中一種，但對另一種也要涉獵。

成功者一定是擅長學習的人，而且他們一定是學習的雙刀流——用百米衝刺，密集學習，拉大領先優勢後，再用馬拉松的堅持成就高度。

後記：

❶每個人個性不同，方法也不一樣，我個人喜歡百米衝刺的密集學習，所以經常設定短期的學習目標，也善用此法，但不一定人人都適用。

❷年長之後，發覺如馬拉松式的長期堅持學習更為重要，所以我強迫自己要有耐性，而後才逐漸調整改變。

❸每個人要依著自己的個性，善用強項，補強弱項。

【第二部】

我的學習經驗

第一章　學校體制學習九步驟

從童年時期純真如一張白紙開始，我們就在學校裡學習，這是屬於被動的接受教育，而我是歷經了如下的九個步驟，順利把自己培養成一個成果良好的學生。

第一步：喜歡學校、喜歡上學，學習動機強烈。

第二步：相信老師、尊敬老師，虛心接受所有教學內容。

第三步：專注。全心全意在課堂上聽講。

第四步：思考。對老師所教的內容，不只接受，還嘗試思考，理解其中的道理。

第五步：背誦。許多課程因內容經典，傳誦千古，適合直接背誦，隨時可用。

第六步：避開弱點。每一個人都有弱點，在學習中要避開弱點。

第七步：高密度練習。有些學習要反覆練習，在一段期間內高密度練習有其必要。

第八步：課外閱讀。不只讀教科書，更要多讀課外讀物，啟發自我學習。

第九步：建立自信。對自己有信心，相信自己是好學生，培養正向的學習力量。

1 學習第一步：喜愛

喜歡學校，喜歡上學

每天我都期待上學，對於學校要求的任何事，我絕不打折扣，認真去做；我把老師說的話當聖旨，不漏掉任何一句話，全心全意的融入學校的學習。

或許因為從小住鄉下，再加上家徒四壁，在家中沒有任何趣味，上了小學，開啟了我全新的視野，學校實在太有趣了，所有事都很新鮮，老師有知識、有學問，還有同學一起玩，每天我都期待上學，我愛死學校了！

因為這樣，學校要求的任何事，我絕不打折扣，認真去做，老師說的話是聖旨，一句話都不會漏掉，我完全按照學校的進度進行學習，我幾乎是百分之百吸收。

學校的學習沒有任何痛苦，自然而然就成為學校中的好學生，六年的小學生涯，我經常是班上的第一名，甚至是全校的第一名。

媽媽因為忙於賺錢養活我們八個兄弟姊妹，從來沒有過問我的成績，聯絡簿的家長章是我自己蓋的，每當同學談起父母如何逼迫他們讀書，我都覺得很奇怪，因為自己完全沒有這種經驗。回家除了寫寫作業之外，我也很少讀書，因為在課堂上的認真聽課已經足夠。

而我為什麼會認真聽課，完全是因為學校太有趣了！喜歡上學、喜歡老師，讓我全心全意地融入學校的學習中。

2 學習第二步：相信老師一定是對的

完全相信老師、努力聽課、不懷疑老師的身分，如此一來，就能聚精會神的理解吸收，分辨其中的問題，進而提出問題。

因為喜愛上學而崇拜老師，覺得老師說什麼都是對的，所以我努力聽、仔細學，完全不放過任何細節。

相信老師是對的，就能聚精會神的理解吸收，如此才有最大的收穫，也才能分辨其中的問題，進而提出問題。透過老師的回答與解說，通常上完課，我已記住所有的內容。

我小時候的課堂學習成果豐碩，因相信老師、敬愛老師，得到老師的喜愛，互動良好，因而得到許多好處。

完全相信老師、努力聽課、不懷疑老師的身分，才能聽懂老師所教的內容，也才能分辨其中的問題；我們可以和老師探討內容，但絕對不要懷疑老師的能力，要尊敬老師。

一旦進入課堂就要存恭敬謙虛之心，這才是學習之道。

3 學習第三步：專注

全程專注聽課

讀書要五到：眼到、耳到、口到、手到、心到；要訓練專注力，才能把所學完全消化吸收，獲得良好的學習成果。

因為喜歡上學、喜歡老師，很自然的上課時，我會全神貫注。專注是我現在的回憶，當時我完全融入老師的教學，享受其中的樂趣。

我還記得當時老師說，讀書要五到：眼到、耳到、口到、手到、心到；要看、聽、念、寫、想。我覺得很奇怪，聽課不就是要這樣嗎？不這樣如何聽課學習呢？為何還要強調呢？

長大後我才知道，不是每個人的學習歷程都如此，也不是每一個人都能學會專注，專注是一種很特殊的能力，而且每個人也不是做任何事都能專注。

小學六年中因為專注，我成績很好，可是到了初中，有些課我不是那麼有興趣，就無法專注聽講，經常人在教室，可是卻「神遊物外」，成績成果就完全不同。

因為有趣，所以喜愛；因為喜愛，所以專注；因為專注，所以完全消化吸收；因為完全消化吸收，所以學習成果良好。學習，只要全神專注，就已足夠。

4 學習第四步：思考
一面聽課一面想

思考、質疑、提問、解答、辯證，是我學習過程中的重要方法。對老師所說的話，我都會先問「為什麼？」，試圖理解其中的道理，也因此培養出極高的自我思考及解答問題的能力。

當我在上課時，會全神貫注在老師講課的內容時；我會一面聽課一面想，試圖想通其中的道理，如果我能想通道理，我就很容易記住，也就學會了。

會用腦想大概是在小學四年級以後，可能因為經過前三年的學習，我已具備基本的知識，智力也逐漸開發，因此不只是被動的接受老師所說的內容，也會進入消化理解的過程。

尤其從初中開始，我進入了思考的全盛時期，對老師所說的話，我都會先問「為什麼？」試圖理解其中的道理。老師當然也會主動解釋為什麼，如果我聽懂了，認為言之有理，就記住也學會；如果老師的說法還不能讓我理解，通常我會發問，針對其中不明白，或不全部理解的部分，繼續請求老師解釋。有時我自己也會提出解釋，看看老師是否認同。

思考、質疑、提問、解答、辯證，是我學習過程中的重要方法。只是在課堂上，因為同學眾多，我未必能不斷發問，也不好占用老師太多的時間，因此，我經常是在腦海中自問自答，雖未必能找尋到正確的標準答案，但卻培養出極高的自我思考及自我解答問題的能力。

這個以思考及辯證為核心的學習方法，是我一生最重要的學習利器，年紀越大，越見其功效。長大後，我一向以思慮周詳見長，或許就和從小這種強調思考、質疑、理解的習慣有關。

5 學習第五步：背誦
即刻記住背下來

背誦是一種重要的學習方法，我們無法寫出經典，但只要會「背」經典，就會「用」經典，也等於「學會」了經典。

針對需要強記的知識，也很適合以背誦來學習。

在上課聽課的同時，有些內容需要背誦，像是國文課，許多經典文章、古文都需要背誦，這是我最喜歡的時刻。

我記得小學一、二、三年級時，上國語課時，老師經常會講一句，念一句，也要求全班一起念一句，不知道為什麼，我非常喜歡這種全班一起念的琅琅書聲，我總是念得很大聲，而且我還會私底下多念幾遍，靠著這樣多念幾遍，我通常就能背誦。

從念國語課本開始，我逐漸喜歡念古文。家中有《唐詩三百首》，是念高中的姊姊的讀物，姊姊讀的時候，我會在一旁跟著念，當時國小高年級的我，背誦能力非常好，往往念了幾次就能記住，讓姊姊十分吃驚，我受到了鼓勵，念起來就更有勁了。

初中時，校長邵夢蘭非常強調古文學習，親自教授《論語》，而《論語》就更適合背誦了，簡潔的文字、豐富的意涵，校長一面解釋，我們一面跟著念，我的背誦能力因此更加快速增進。靠著聽講，再加上幾次背誦，閒來無事時再念上幾遍，我幾乎可以背誦整本《論語》，尤其許多經典名句，我更是隨時運用自如，這是我一生非常自豪的能力，也因而得到許多好處。

從中文、古文的背誦中，我慢慢養成念出聲的習慣，靠著聲音的韻律，加速背誦的能力，而背誦的範圍，也從唐詩、宋詞、元曲、《孟子》，到許多經典古文：〈出師表〉、〈蘭亭集序〉、〈桃花源記〉……等。

我堅信，背誦是一種重要的學習方法，尤其在語文學習上，我們無法寫出經典，但只要會背經典，就會用經典，就學會了經典。

背誦的能力也可以延伸到其他領域，如中國歷史的朝代、如化學元素、如自然科討厭的翻譯專有名詞，針對這些需要強記的知識，背誦不失為好方法。

而我背誦的祕密則是，在聽講同時，也在心中默念著，並找機會出聲開口念，念出聲對背誦有極大的助益。

6 學習第六步：避開弱點

知道自己的弱點

學習也不是樣樣一學就會，某些事不管多努力，當天分不在自己手上時，成果也很有限，甚至完全不會有成果。

學習應有選擇，不要和自己為難，把力量放在可為之事，才是明智之舉。

小學五年級時，學校籌組樂隊，我因為成績好而被老師點名為當然成員，一向無往不利的學習歷程，這次卻遭遇空前的挫折。

老師先要我學木琴，這是重要的樂器，還有獨奏的機會，可是我怎麼也學不會；相反的，另一個演奏木琴的同學，平時成績尚可，但木琴卻一學即會。當他已經十分上手時，我連節奏都抓不準，老師不得已，只好要求我中午午休時，自己獨自練習一個小時。

愛面子的我受此挫折，當然全力練習，不敢怠慢。只是，兩個星期下來，成果有限，我還是彈不完整首曲子。

最後，老師只好幫我換種樂器，讓我敲鐃鈸，整首曲子敲不到兩三下，可是就算這樣，我有時候還是會趕不上節拍。樂隊體驗，我總算過關，但我知道音樂是自己很大的弱點。

這其實是很大的挫折，同學私下說：好學生也會有學不會的事；我在音樂上的弱點，讓許多成績不如我的同學，心情稍微平復，而我也覺得，我的人緣似乎變好了。

這是重要的經驗，讓我知道人生並不順利，學習也不是樣樣一學就會，某些事不管我多努力，當天分不在自己手上時，成果也很有限，甚至完全不會有成果。

這也讓我知道，每個人都有不同的天分，成績不佳的同學，學音樂卻才華洋溢，我能看不起他們嗎？

終我一生，終沒能把音樂的缺憾補強，五音始終不全。我有自知之明，這方面不需知其不可而為之，給自己留些缺憾吧！

學習應有選擇，不要和自己為難，把力量放在可為之事，才是明智之舉。

7 學習第七步：高密度練習

五天六十篇日記

任何學習，只要經過強力的高密度練習，可以再壓縮出無限可能，讓能力快速成長；就像我用五天寫完六十篇日記，寫作能力也從此奠基。

我雖然習慣按照學校、老師的要求去學習，但有時候貪玩之性，也會讓我偏離軌道。

從國小上初中的那個暑假，學校出了一個暑假作業——在放假的兩個月期間，要天天寫日記，而且要用毛筆寫。

那時我順利考上士林初中，還沉浸在考上的喜悅中，整個暑假玩瘋了，完全忘了這檔事，一直到開學前的最後一個禮拜，我不得不面對現實。

日記作業是不能不交的，我一定要如期寫完，這是我對自己的要求，我要維持乖學生的形象。我終於拿起筆，開始補寫兩個月的日記。

剛開始非常困難，我根本忘了兩個月來我做了哪些事。事實上，我也沒有做什麼事，無非在家附近的野地到處玩耍，但總不能每天都寫一樣的事，我絞盡腦汁去想各種能寫的主題。

寫了幾篇之後，我開始找到竅門，我會先想一件事，做為每一篇日記的主題，如上山採龍眼、挖竹筍，或是到姊姊與姊夫家玩，再加上堂哥、姑姑來家裡玩等，把這兩個月發生的事回溯一遍。

就這樣，只要想出主題，內容就很容易發揮：只要回想過去的情景就可。只是，在寫了四十幾篇之後，就發覺題材枯竭，最後的十幾篇痛苦不堪，幾乎都是自己瞎編的，但我還是如期交了。

沒想到這五天編寫出來的日記，開學後得到第三名。這也是重要的學習經驗：任何學習，只要經過強力的高密度練習，可以再壓縮出無限可能，讓能力快速成長；或許我這一生的寫作能力就從此奠基。

8

學習第八步：閱讀雜學

徜徉課外讀物

我不愛讀課內學，但讀了很多奇怪的雜書，而且多閱讀文言原文。但拜上課時的專注所賜，學校成績都還能維持中等以上。

初中以後，我除了延續上課時的思考及專注之外，還多了一項樂趣，那就是閱讀課外讀物。

我讀了許多改編的世界名著，也讀遍中國四大小說中的三部：《水滸傳》、《三國演義》、《西遊記》，至於《紅樓夢》，我覺得太女性化而略過。我都閱讀文言原文，我記得世界書局排印得密密麻麻的版本，給了我最大的樂趣。

這種習慣一直到大學畢業都沒變，不愛讀課內學，但讀了很多奇怪的雜書。可是就算如此，初、高中時期，我的成績雖未名列前茅，但也都在中等以上，完全靠上課的專注就已足夠。

再加上我是比賽型的選手，遇考試不但不緊張，實力反而擴大發揮，因此高中和大學聯考，我雖不是第一志願錄取，但也有第二志願，我自己已經很滿意，整個體制的學校學習尚稱順遂。

9 學習第九步：自信

自在逍遙，建立信心

我自覺不輸任何人，相信自己任何事都學得會，這種正向的學習力量，讓我可以掌握任何事。

我的求學過程順利，雖不是最好的學生，卻是有個性、願意自主學習的學生；我對自己充滿自信，只要我願意，我可以學會任何事，只要我下定決心，就可以達成未完的目標。

大學畢業時，我本來不想考預官，可是在考前兩週左右，正在服役的學長休假來找我聊天，他勸我考預官，理由是：考預官，可以換得服役時的相對自由。

於是我下定決心參加考試，果真，我只花了十天左右看書，就順利考上預官。

這樣的信心幫助我在跨入社會時，有非常好的起步。我自覺不輸任何人，我相信，任何事我都學得會，我不懂得害怕，只要我願意，一切都在我的掌握中。

正向的學習力量，讓我不憂不懼，優遊自得，快樂學習，成果豐碩。

第二章　摸索學習當記者

我學習當個記者的過程，總結為如下的步驟：

一、完全不懂新聞，自己摸索解讀新聞格式，完成人生的第一篇新聞寫作。

二、尊敬老記者、接近老記者，從他們身上得到協助，傳授不為人知的工作方法。

三、對手是敵人，但也是最好的老師。像間諜一樣觀察對手的工作方式，偷學對手奧祕。

四、寫作的能力靠多寫磨練而成，每天寫二到三千字，快速積累經驗。

五、聚精會神的聆聽解讀，憑記憶完成五千字的紀錄。

六、在採訪過程中，學習快速瀏覽、記憶的能力。

七、蒐集資訊時，用一心數用的方式，訓練觀察探知情報的能力。

八、記者每天都會遇到不同的挑戰與考驗，所以要學會「快速進入，立即學會解決」。

1 盲目摸索寫新聞

我非本科系出身，擔任記者的第一天，我透過自我摸索和學習，寫下第一篇且未被退件的新聞稿。

我並非畢業於大眾傳播科系，可是我經過考試而成為記者，透過自我摸索和學習，我終能在媒體中存活，似乎也成為一個還不錯的新聞從業人員。

上班的第一天，那是晚上，記者們都回到報社寫稿，主管丟給沒事做的我一疊新聞資料，告訴我：「改寫成五百字的新聞稿。」然後就不再理我。

我不知如何做，甚至不知道什麼是新聞稿，但我不敢問，也無人可問。我必須在沒人協助下，自己找到解決的方法。

我先翻閱資料的內容，那是一家公司的宣傳資料，公司辦了一個活動，我手上的資料有活動過程的陳述，也描述了活動的一些成果，整個內容大約有兩千字。我必須先確定新聞稿是什麼，才知道如何寫新聞稿。

我思考，新聞稿一定是登在報紙上的某一種內容，我應該可以從報紙上找到新聞稿的樣本。於是，我找來當天的報紙仔細閱讀，發覺報紙上的內容有兩種形式，一種是方塊文章，上面署名本報紙記者×××；另一種不署名，且開頭皆有〈本報訊〉。

根據我的分析，署名的內容似乎較重要，而且通常搭配〈本報訊〉的內容一起刊登。這是我第一天上班，不太可能讓我寫署名的文章，因此我猜測新聞稿應是以〈本報訊〉起頭的文章。

確定方向之後，我開始研究〈本報訊〉文章的寫法，先歸納出一些原則，然後按照這些原則，重寫手上資料的內容。寫完時，我再三檢視並稍加修改，然後交給了主管，但心中仍充滿不安。

主管看了兩遍之後，說了句：「好了」，也沒再理我，就這樣我開始了記者的生涯。

此後我一直用自己鑽研出的方法寫新聞稿，雖有修正，但基本概念從未改變。

2 適應野地求生

野地求生是邁出學習的第一課。被丟到陌生的環境，我們不能怕、不能躲、不能說不會，只能相信自己可以，相信自己會找到方法。

我的記者生涯，從野地求生開始。

上班第二天，一個老記者帶著我到被採訪的單位做簡單的介紹，第三天就要我自己進行採訪工作。我只知道我是記者，但是對於記者要做什麼？要怎麼做？都是一知半解。我也知道記者的工作是採訪、寫新聞，但「新聞」的定義是什麼，我也不清楚。

但第三天我也只好自己出門，到處走一走。遇到採訪對象，我問：「有什麼新聞？」他回答：「我怎麼知道？你不是記者嗎？我們在等著看你寫的新聞呢！」我硬生生的碰了一鼻子灰；我知道這樣子不行。

我開始觀察他們在做什麼，並且和他們閒聊，把看到和聽到的事物都記在心中；

我將能拿到的任何文件、資料都帶回來，就這樣自己摸索出記者的工作方法。晚上回到辦公室時，我會向老闆報告聽到了些什麼，老闆就告訴我哪些可以寫，這就是我野地求生的記者生涯的開始。

到現在為止，我仍不知道怎樣「正確」的當一位記者，但結果告訴我，我是一個還算稱職的記者，而方法是我自己摸索出來的。

在學院中學習，肯定有一套嚴謹的理論與方法，但這不代表我們不能開創一套自己的方法。野地求生是人生隨時都可能遇到的情境，我們不能怕、不能躲、不能說不會，只能相信自己可以，相信自己會找到方法。

野地求生是邁出學習的第一課。

3 向老記者學習

每個老記者身上都有許多各式各樣的故事，透過與他們的互動，我得到許多個人獨門的記者智慧。

當記者的過程中，教導我最多的是同事中的老記者，每個老記者身上都有許多故事，有的是新聞背景的故事，有的是與採訪對象挖新聞的故事，還有的是與競爭對手報記者爾虞我詐的故事。

對這些老記者們，我十分尊敬，說話乖巧，這是學習的第一招，他們都覺得我這個「小朋友」不錯。其次，我盡量找機會與他們聊天，例如吃飯的時候一定找老記者同桌，晚上下班他們吃宵夜，我一定主動參加。透過互動，我得到許多個人獨門的記者智慧，這是學習的第二招。

熟悉了之後，他們要做什麼事，我一定是「有事菜鳥服其勞」，這又讓他們覺得孺子可教；再來就是有任何問題，我會主動發問。有了前面那些方法，他們對我當然是知無不言，言無不盡。

在所有的新進記者中，我與老記者的關係最好，也得到他們私下非常多的幫助，尤其許多老記者的學歷不高，日子久了也難免懶散，不見得在報社中都有很高的地位，我們刻意尊重，當然會使他們全力教我，他們都是我的好老師。

4

向對手學習——偷學

觀察、記錄並模仿對手的成功方法，稱為「偷學」；要試圖解答自己輸在哪裡，絕不能再輸第二次。

另一個教導我很多的是競爭對手，媒體的競爭非常尖銳，每天翻開報紙就決勝負，我不是漏對手新聞，就是被對手漏新聞。當時我的對手多數是老記者，剛開始我毫無還手之力，常常被他們漏新聞，而每一次被打敗，就助長了我的學習。

我會仔細分析他們寫的新聞，判斷新聞來源，試圖解答「我輸在哪裡？」當然，我也會把那一則新聞的來龍去脈徹底弄清楚。在我認為，都是同樣的新聞，同樣的來源，絕不能再輸第二次，我會針對這些地方立即補強或補救。

由於是對手，我從他們身上的學習完全屬於「偷學」，只能偷偷觀察他們的一舉一動、他們的採訪方式、他們的人際網絡、他們的專長。當然對手也會刻意隱藏，盡可能不透露出任何的蛛絲馬跡，因此這種「偷學」的訓練非常嚴格，我經常要推陳出新，才能知道他們如何做。這種「於是假裝不在意」，但卻暗中仔細記錄觀察的「偷學」方法，讓我一生受用無窮。

5 文字靠磨練，日日三千字

多寫的好處很多，除了練筆之外，還可以訓練取材的能力，有時候還需要變換角度，小題大作，短稿長寫，這些磨練都讓我快速學習成長。

記者非常重要的能力是寫文章，寫文章除了天分之外，最重要的學習是磨練，寫得多，文字能力就磨出來了，這是不折不扣的學習曲線改善原理。

當時我在剛創刊的《工商時報》，所有的記者都是剛入門的新記者，我也不例外，因此幾乎每天都處在缺稿的狀況中，經常要硬擠出稿子去填滿版面，這就提供了我磨練的機會。

我從不拒絕主管補稿的要求，每天除了寫兩千字基本的稿量之外，我還要多準備一些題材，等待缺稿時補稿之用。我的想法很簡單，多寫對我自己的學習、訓練一定有幫助，當然也可證明我的能力好。

多寫的好處很多，除了練筆之外，還可以訓練取材的能力——沒有素材，要無中生有去寫分析評論，有素材則直接寫新聞。有時候還需要變換角度，小題大作，短稿長寫，這些磨練都讓我快速學習成長。

也因為這樣，我下筆的速度變成我的強項，在全盛時期，我每小時可以有近三千字的產量，當然這是題材充分且準備完善時，才能達到。

寫多了，先有量，再有質，我的文筆也快速提升，論述能力也與時俱進，讓我在同一梯次的新進記者中，快速脫穎而出。

6 強記的訓練

為了訓練專注力，我養成做再長的紀錄，都無須使用錄音機的習慣，只要用心聽講，事後再做回憶重建。片刻都不能鬆懈的結果，也助長了我的吸收和理解能力。

有一次我臨時被派去聽一場演講，本以為只是寫個新聞，但卻臨時接到報社的通知，要求做全程紀錄，大約需要寫五千字的長文。

接到指令，我傻住了，因為沒帶錄音機，不可能錄下來聽寫。我迫不得已用筆做摘要記錄，回報社後再回憶重建。

因為沒有這樣的經驗，我不得不聚精會神的聽講，然後自己做重點提示、摘要、速記。回到報社後，我立即坐下來，按照重點筆記去回憶整個聽講過程；我先把全程補足，看著提示，回憶講者全盤的內容。

這時候，我發覺從小上課聽講的習慣發揮了作用。我上課學習非常強調「理解」，只要聽懂老師所講的道理，我就不用死背；我也可以用我自己的說法，重述一遍。在回憶整個演講的內容時，我大約可以記得其中的百分之八、九十，因此要做全盤紀錄不是難事。至於記不太清楚的部分，就含糊帶過，所幸這些部分都不是關鍵重點，略過也不太影響。

結果我全部整理完大約有六千字，但報社只需要五千字，我還要濃縮，略過部分內容就更不是問題了。

從這一次的考驗之後，也訓練出後來我做再長的紀錄，都無須使用錄音機，只要完全用心聽講，再回憶重建。

不用錄音機的好處在於可以訓練專注力，我片刻都不能鬆懈，如此一來反而助長了我的吸收和理解能力，這當然有助於培養出我極佳的記憶力，也是一種無心插柳的學習成果。

7

借我看三十秒

記者常需要「偷翻」文件，我訓練自己快速瀏覽的能力，在有限的時間內掌握重點，看到關鍵性的結論。

記者還需要有速讀及理解能力，我們常需要在極短的時間內，「偷看」到不該看的文件全貌，並記住其重點。

從第一天當記者開始，我就訓練自己快速瀏覽，然後掌握重點。我常要在各機關中偷翻公文收發薄，以掌握這個機關今天發生了哪些事，有時候還有機會「偷翻」到整份公文，當採訪對象不同意影印時，我就要發揮這種快速瀏覽，並重點記錄的能力。

有一次，我在某個部會追蹤一條重點新聞，我看到次長的桌上有一份完整的會議紀錄，我請次長說明，因事涉敏感，該次長拒絕透露任何消息，我無技可施，只好和這位官員扯皮。

我問次長，「可不可以借我翻閱會議紀錄三十秒？」由於平日十分熟悉，次長拗不過我的請求，只好答應。

我真的就快速翻閱了三十秒，翻完了整整幾十頁的公文。沒想到第二天，我發了數千字的新聞，幾乎掌握了全部的重點，讓這位次長大為吃驚，從此對我防備有加。

其實這沒什麼學問，因為我十分熟悉這則新聞的來龍去脈，只要看到紀錄中幾項關鍵性的結論，就可以掌握接近全貌；但前提是我要有快速瀏覽的能力，而這種能力是我平常不斷自我磨練、學習而得到的。

8

一心數用的學習

工作時要專注，但也必須耳聽四面、眼觀八方，這種一心數用的能力，讓我總能發揮自己最大的效能。

記者要像間諜一樣，偷聽打探各種新聞，這也迫使我一方面要專注，可是另一方面又要能耳聽四面、眼觀八方。

進到任何空間，我立即要掌握現場所有的動態：有哪些人在現場？各自在做些什麼事？然後我應該把注意力放在哪裡？同時又要隨時關注其他人的動向。

有時候，我表面上和某一個人在聊天，事實上卻是豎起耳朵，聽旁邊另一個人在講電話，而我的眼神也會不時飄到對方身上；我同時接收好幾種訊息。

這也需要長期的學習與訓練。從第一天當記者開始，我就一直這樣自我要求，剛開始難免捉襟見肘，掛一漏萬，但日子久了，一心數用變成習慣，這又變成我另一種奇怪的能力。

自己創業後，我們幾個合夥人常一起開會討論事情，而又偏偏遇到截稿期，編輯總在等待我的稿件，我只好一面開會，一面寫稿；當會開完，我的稿子也寫完了。我的夥伴常覺得不可思議，因為我雖在寫稿，但從來沒有錯失任何重要的討論，必要時我還會即時參與討論，這也拜當記者時一心數用的訓練。

9

快速進入，立即學會

欠缺經驗，不去了解過去發生的事情，就無法立即掌握重點。我以瘋狂的決心，用理解、用強記，立即擁有了與老記者一樣的背景知識。

剛當記者時，我的競爭對手都是有經驗的老記者，常常會發生我覺得一個簡單的記者會沒什麼好寫，第二天卻發覺對手報發表了很長的獨家新聞。

我分析為什麼自己做不到，發覺是因為欠缺經驗，對過去已經發生的事情不了解。因為大多數的財經新聞並不是偶發的單一事件，而是延續過去的事件，再加上最新的發展，因此我雖然知道最好的發展，卻不知過去的來龍去脈，所以無法掌握重點。

老記者們對過去的事如數家珍，而我只是一個一無所知的新記者，這變成我最大的缺點。我如何才能快速擁有和老記者一樣的背景知識呢？

我知道我沒有時間等待，我不能靠經驗慢慢養成背景理解，我必須「快速進入，立即學會」。

我開始了瘋狂的快速學習歷程。

我每天仔細閱讀對手的報紙，不漏掉任何小新聞，能理解的理解，不能理解的強記，我必須在最短的時間內認識所有相關的「人、事、時、地、物」，以及所有的背景資料。

我不只每天看報紙，還到圖書館查閱過去的報導，先看最近三個月，再往前推半年，尤其對我正在負責的新聞內容，我更是定向的追本溯源。就這樣，我大約在三個月內，勉強把所有正在發生的事件快速理解並補足。

這就是記者必須具備的「快速進入，立即學會」的能力，我是靠著決心與瘋狂的精神學會的。

這也是所謂百米衝刺瘋狂學習法。

第三章　三十年的自我探索過程——尋尋覓覓學經營管理

「經營管理」是我這一生中最大規模的一次自學，偷學試煉，期間歷經近三十年。

我從一個失敗的經營者、一個不入流的管理者，變成一個自發的經營管理者，現在，我是一個以經營管理見長的人。

從獨立創業開始，我立即陷入失敗的深淵，當時我還不知一切問題來自我對經營管理的無知。

經過四年的摸索，我終於領悟到之所以創業失敗，其癥結在於不懂經營管理，自此，我展開一生的學習探索。

探索從解決問題開始。

不會領導、不會帶人，就學領導。

不會組建團隊，就學；不會溝通、不會協調，就學；不會財務、不會行政，就學；不會策略、不會訓練、不會談判、不會激勵——缺什麼，就摸索，就學習。

成果十分明確，當我在意什麼，很快就會改善。方法也很簡單——犯錯、思考、問人、看書、改變、嘗試、檢驗成果，再試，再改變。

改變通常由具體的小問題開始。

團隊無法準時截稿，我就想辦法，用溝通、訂規則、訂罰則、給獎勵……，最後會一直追到紀律、制度、組織文化、訓練……，這是極經典的案例。

就這樣，一個問題又一個問題，有時甚至有數個問題同步在調整。有趣的是，所有的問題追根究柢，都會指向類似的源頭——組織、團隊、制度、紀律、策略、執行力……；學習的探索，也逐漸進入各種不同的分工——人事、財務、行銷、生產、管理、研發……。

我從未上過正式的管理課程，但日子久了，我幾乎翻遍了各種經營管理類的經典與教科書。同時我也利用採訪的機會，請教了所有台灣成功的企業家：王永慶、施振榮、許勝雄、周俊吉、杜書伍、許文龍；從實務再印證理論。

台灣知名的管理學者也是我的老師：許士軍、陳定國、王志剛、司徒達賢、吳思華、湯明哲；雖不是正式的學生，但對我都影響甚劇。

在實際學習的過程中，也歷經反覆辯證的過程，錯對對錯交互修正，最後我慢慢找出自己的一套邏輯。

而這二十幾年中，每週一次的專欄文章，都是我徹底反思、自我尋求解答的方法，常常是動筆前似懂非懂，而寫完文章後，我自己就豁然開朗了。

在這一章中，我會用一些案例及幾次轉折的過程，描述自我探索的心路歷程。

1

不知問題出在經營管理

除了產品、行銷推廣等要素之外，對內部的「經營管理」，更是公司能否獲利的癥結，我下定決心探索此一專業。

獨立創業時，我已歷經了媒體中的主要部門：編務及廣告，我自覺有足夠的能力創辦一本雜誌，但不斷的虧損，產品無法得到足夠的讀者認同。我認為是產品力不足所致，而努力改善產品，也努力行銷推廣。

可是我不論做什麼，都沒有明確的進步，一直到我們山窮水盡，無法從外部得到任何資源之後，只能回到內部，閉門謝客，從內部一點一滴的改善做起。

沒想到這樣做，虧損就不再擴大，我隱然找到問題的癥結，持續進行內部問題的改善和解決，當時我還不知道這就是「經營管理」。只是在尋求解答的過程，發覺答案都來自經營管理書，給予我指引的企業家們，談的也都是經營管理，我終於確定，自己欠缺的是經營管理知識，我下定決心學習探索此一專業。

2 從最簡單而明確的問題開始

拖稿、開會遲到……，一些看似簡單的小問題，其實隱藏著組織中最大的課題——紀律；我決心禁絕這些陋習。

當時我最明確的困難是記者寫不出稿子，無法準時截稿，無法準時出書。寫不出稿子是經驗與能力不足，要訓練，可是有經驗的記者也拖稿，這就不是能力問題，我下定決心禁絕。

先善意溝通、道德說服；不成，再訂獎勵；不成，再訂罰則；再不成，再開罵。最後我發現，沒有一種方法明確有效，但也或多或少有些效果，只要我有決心，情況都會慢慢改善；我知道這是習慣改變，要耐心、要鍥而不捨，要讓整個團隊養成紀律。

我記錄每個人的交稿時間，評定品質，追蹤改善進度，獎勵與罰則並行；然後把改善目標對準較易改變的人，先讓部分人跟上進度，再擴大範圍，終能逐漸改善。

簡單的問題，還包括開會的準時。因為不準時、互相等待而浪費了許多時間，我一樣用類似的方法得到解決，而這個問題其實背後隱藏著組織中最大的課題——紀律。從這些經驗中，我也跟著改變自己，從一個不拘小節的人，成為團隊紀律至上的人。

3

學用人、學待人、學領導

「人」是所有問題的根源，一直到今天，我都還在學習一個領導者該有的待人與用人技巧。

在勉強應付每週一次雜誌的出刊節奏之後，我開始發覺，所有的問題都指向同一個根源，就是人的相處，都是人的問題。

我開始研究如何待人、如何用人、如何溝通、如何領導。

有人告訴我，我太嚴厲，每一個成員都深受打擊。我十分疑惑，我不覺得自己在罵人，但卻有此評價。有人告訴我，要多給笑臉，要多肯定、多鼓勵，我雖不完全認同，但也試著做。

有人說我不公平，特別喜歡某些人，我也大感詫異，這些人確實能力較強、表現較佳，我為什麼不能喜歡他們呢？我試著訂定組織的價值觀，建立考核制度，用稿量、用品質管理，雜音就少了些。

我雖然覺得我真心的對待每一個人，也認真的教導每一個人，大家也承認我沒有惡意，但還是有諸多說法。

我逐漸找到問題——我缺乏做為一個領導者該有的一些技巧，而這些都是用人與領導必須學會的關鍵。

這些關鍵其實無法立即學會，但要每天學習與檢討、慢慢的改變，一直到今天，我也還在揣摩，還在改進。

4 學習團隊組建

獨立作業並非好的工作模式，而是應該組織團隊，讓每個人各有所司，並且互相整合支援，朝同一目標邁進。

處理完個人的相處之後，我又發覺，要讓許多人一起工作、朝同一個目標努力，是另一個大學問，後來我才知道這稱為「團隊組建及組織管理」。

在創業第二、三年，公司曾經軍容旺盛，擁有許多有經驗的記者和編輯，但我錯過了這最好的時間，我並未做好任務分工，也未有效編組團隊，而讓每一個人獨立作業；結果是力量互相抵銷，工作重疊，還造成內部的不和，相互抱怨、推諉，甚至互相鬥爭，以至於力量無法發揮。

直到我察覺團隊問題之時，我已沒有好的團隊，但是我試著讓每個人各有所司，並且互相整合支援，其效果卻是明顯的，大家反而能向同一目標邁進，內部的爭執矛盾也變少了；我慢慢得到一個運作順暢的團隊。

其實當時我僅是讓組織能動作，離真正的團隊組建還很遠，一直要到二〇〇〇年以後，我們公司整合成一個有規模的集團，我才真正有計畫的學習團隊組建及較有效率的組織管理。

5 開始有計畫的活用管理理論

我將所學到的管理理論，用於構建新集團的財務、人事、行政、法務、IT及倉儲管理，經由不斷的修正，摸索出愈來愈有效率的經營方式。

一九九五年，我們組建了城邦集團及PC home電腦家庭公司，因為是全新的公司，我有機會思考如何建立一個較理想的組織；我們試著按照管理理論與學理來構建。新公司建立了一個共同平台，負責所有的後勤功能，包括：財務、人事、行政、法務、IT及倉儲管理。至於前端的產品團隊則以BU（Business Unit）的形態獨立運作，每個單位要獨立核算損益，訂定管理制度。

我們並不知道這樣的設計是否真正有效，但走一步、看一步，我相信學理應有可行性。

這過程充滿曲折，在財務調度沒問題時，大家尚能保持和諧，只是隨著公司的快速成長，營業規模擴大，自有資金不足應付周轉需求時，問題就出現了。

各BU之間的營運狀況好壞有別、績效各異，當我們不得不回歸績效管理時，經營者間的衝突差一點讓整個組織崩解。

在不斷的修正、改進之後，我們終於摸索出整個集團運營的遊戲規則。

後來當我有機會與世界知名的雜誌、圖書集團往來，仔細了解這些公司的組織與運作之後，我發覺，我們自己摸索出來的運營架構，與世界知名的集團若合符節，有些制度，我們甚至比他們更有效率，證實我們以學理為基礎，再經實務檢驗修正的制度，有效而可行。

6

嘗試改進流程，找到最佳化經營模式（Best Practice）

為了找到集團的最佳化經營模式，工作流程改造是必經的步驟。要逐步建立各個單位的標準作業流程，讓所有的團隊及工作者都能採用最有效率的方法。

當公司集團化運作後，我又進入工作流程改造的學習。由於公司內有許多的圖書出版團隊，也有雜誌團隊，大家的工作流程都源自各主管的經驗，各自有一套大同小異的運作方法，雖不至於互相衝突，但很難管理。

我嘗試讓各單位將工作流程文字化，以利於經驗傳承，再將所有的工作流程標準化，然後要求所有的單位一體適用。

統一的目的是要找出最佳化的方式，逐步建立SOP（標準作業流程），讓所有的團隊及工作者都能用最有效率的方法工作，而這一步也是為未來組織的全電腦化預做準備。

這是一個巨大的工程，每一個人都要在顧問的協助下，把每一個環節寫成文字化的步驟，再從主流程次第向下展開，到子流程，到孫流程，形成全公司完備的工作準則。

這些流程全部在公司中的知識分享區中，任何新進員工都可自行參考。

另外，我自己上課的錄影也一樣成為員工學習的自學課程，而有經驗的主管也要嘗試講課與分享。

7 建立完整的財務管理報表

當公司的組織越來越複雜，財務控管財務數字必須轉化為各種提升管理效率的報表，藉以檢視團隊的體質。

在進入集團化之前，我們公司對財務的要求，僅在提供盈虧的參考數字，並不具備相關的財務管理功能。

可是在集團化之後，整個公司已經變成一個複雜的組織，我不得不提升自己對財務的理解，也嘗試將財務數字，轉化為各種提升管理效率的報表。

我從集團面需要了解全公司的損益，在之下我又需要了解次集團的運營狀況，再之下，還要有BU損益，然後還要往下展開為產品線（單一雜誌或書系，或單書）損益，這幾乎是不可能的任務。財務部門要用極大的人力，才有可能不斷拆分營收及成本、費用，但我為了提升營運效率，也不得不這樣做。

除了強化自己的財務專業能力外，我同時也要求所有的主管接受財務基本訓練，不只要看懂財務報表，更要能運用財務數字，對自己的團隊體質進行檢討。

強化財務管理能力，還有一個原因來自上市上櫃的需求。當時城邦集團已具規模，但自有資金不足，透過上市櫃籌資似乎是個可行的途徑，而內稽內控的各項管理循環，又是上市櫃必須通過的考驗，因此，整個公司也開始導入九大循環管理制度，其中財務控管又是最關鍵的過程。

8

導入ERP，再造企業組織

我們的公司由許多不同的小公司合併而成，各團隊之間的價值觀及工作方法，存在相當的落差；所以我導入ERP，以期朝著現代化、系統化運營的目標前進。

當公司的經營對財務的分析倚賴越來越深之後，我發覺不能只用人力來完成相關的管理報表，我又開始探索電腦的使用。

當時因為出版了《電腦家庭》（*PC home*）雜誌，也因為開始接觸網路及許多高科技公司，我發覺，他們公司的經營幾乎完全仰賴電腦，所有的經營訊息，都透過電腦做分析整理與分享。這是我第一次真正接觸到ERP（編註）系統，我開始好奇：高科技公司可用，我的創意媒體公司是否也可用？最後我一步步走上導入ERP之路。

回憶這一段過程，我現在還心驚膽跳。

約從二〇〇〇年開始，我們就在做各種電腦化的準備，兩年之後，我終於下決心導入ERP系統。

在顧問公司的輔導下，我親自出席了每一項流程的討論，要確立每一項流程都已最佳化，而且短期不致變動，因為顧問曾經告訴我，ERP導入成功的關鍵在於最高主管的理解、決心與全力支持，這迫使我自己要先弄清楚怎麼回事。

除了讓內部訊息通透，提供運營檢討及參考之外，我還有一個沒有說出來的目標，就是讓公司徹底進行組織改造，改變工作者的價值觀，簡化流程，變成緊密的團隊。

這個目標源自於，我們的公司係由許多不同的小公司合併而成，合併之後，雖有磨合，但是各團隊之間的價值觀及工作方法，還存在相當的落差。之前雖已曾進行過向中看齊的過程，但總是缺乏決心，未能徹底執行；而ERP的導入，就有可能畢其功於一役，再造組織架構，重整流程。

在二〇〇四年九月，ERP終於上線，再經過兩年的適應調整，城邦終於變成一個極有效率的公司，是一個現代化、系統化運營的公司，但仍然保留了文化創意產業的彈性及應變特質。

編註：ERP為「Enterprise Resource Planning」（企業資源規劃）的簡稱，為一種資訊系統，用以整合企業內部各部門的工作流程和資料，使原分散在企業各點的資料庫透明化，以提供管理者做最佳的資訊規劃與管理決策。

9 不知下一步，探索步步高

隨著問題的發生，我一邊自學管理，一邊落實於解決問題上。

我不知道下一步是什麼，但是走完一步，我就會看到下一個目標；公司的運營自動帶我探索經營管理的最高境界。

回溯這二十幾年的經營管理學習過程，我是為了存活，開始探索內部問題的解答與效率的改善，而走上學習經營管理之路。

而隨著公司的變化與成長，又遇到各式各樣的問題，逐漸擴及管理的各個面向，我也就一步步探索；我是隨著問題發生的步伐，逐步用實踐讀完了全本的管理教科書。

公司的規模擴大，我對管理知識的需求也就愈加深化，我再度細讀策略管理、組織管理、行銷學、財務學、創新理論、競爭策略，從教科書到通俗的暢銷書，大約在十年之內，我幾乎是自學的讀完了這些經典著作。

我的學習已形成標準模式：問題，思考探索，看書及詢問專家，實作解決，再修正，再看書，再改善實作；一直到解決問題，效率改善為止。

實務（問題）↓自行摸索解決↓看書↓詢問專家↓實作解答；解決不了，再回到摸索看書問人，這是一個問題解決流程，也是我的自學管理流程。

每一個過程，我並不知道下一步是什麼，但是走完一步，我就會看到下一個目標，就像攀登高山一般，上了一山又一山，公司的運營自動帶我探索經營管理的最高境界。

我也不怕新事物、新理論，看到大公司有好制度，看到學界有新理論，我都會想：在我的公司可不可以適用？我不會全盤移植，我只會引發創意，先小規模試行，證實有效之後，再逐步實施。我把公司當作一個經營管理的探索實驗場域，我也成為一個不害怕管理的人。

第四章　放膽去試

我第一次碰高爾夫，是在三十幾歲時的某次教育訓練課程，地點在陽明山的太平洋聯誼社，那有一個小型的高爾夫練習場，課餘的半個小時，我拿起鐵桿，試打了幾球，在沒有任何人教的狀況下，我就看著旁人的姿勢，依樣學樣試試看。前三球打不到球，揮了空桿，但第四球我放膽下桿，就能打到球了，雖然也會用力過猛而打到地板，但基本上，我就能把球打出了。

隔了五、六年之後，那年我四十三歲，一次偶然的機會中，和朋友一起上球場，本來我是不準備打球的，只是陪朋友一起聊聊天，可是到了球場，看朋友們興致勃勃，我的想法改變了：為何不試試呢？就這樣，我開始了第一次的高爾夫經驗。朋友教我基本的握桿法，先左手握桿，虎口對直桿面，再扣上右手，也把虎口對桿面，我就這樣下場了。

站上第一洞的梯台，我回憶起當年打不到球的經驗，我決定要大膽下桿，一定要打到球！果真第一桿，我就把球打出去了，雖然沒有很標準，但球確實飛出去了。所有的朋友知道我沒打過球，竟然第一球就能把球打飛，大家都稱奇。

受到鼓勵，我更加放膽去打，一路上都不太離譜。打了幾洞之後，看到朋友開球都拿木桿，我也想試試。朋友說，第一次下場，用鐵桿就好，木桿不好打。我不信邪，就是要試試。

而用木桿的第一球，我竟然就打得非常好，打得比朋友還遠。這雖然是運氣，但我知道，我有運動天分，打高爾夫我沒問題。

從小我就是頭腦簡單、四肢發達的人，我的身體協調性好，運動是我的強項，遇到任何運動，我都大膽去試，果真也都不太離譜。每個人都有些天分，要知道自己的天分並善用天分，遇到和天分有關的事，就要大膽去試，放手去學。不要畏畏縮縮，這是人生最快意的一面。

1 百日破百的賭注

學習一定要有方向、有目標，才能快速精準學習，才會有不可思議的效果。我學習高爾夫就玩了一個瘋狂的遊戲。

我一向率性而為，常有不可思議之舉。

四十幾歲，第一次下場打高爾夫就有模有樣，朋友挑逗我：「你這麼有運動細胞，挑戰百日破百如何？」我隨口答應，沒想到引來許多朋友下注，迫使我自己走上了百日必須破百的不歸路。

當時我工作繁重，不可能有太多時間練球，只能上球場一面打、一面練，而且假日球太貴打不起，只能平日打便宜的早球。那一百天中，平均每週二到三場，在楊梅第一及龍潭的藍鷹球場報到，一早四點出門，五點天一亮開球，打完一場球通常不到八點半，十點回到辦公室上班……，我班照上，也瘋狂的練習高爾夫。

我估計，那一百天內，我大約打了三十場球，平均三天打一場，我就是這樣學球。其中偶爾也上了幾次練習場，但似乎效果不大。直到百日之前，我大約停在一百一十桿上下，但無法逃避，只能面對百日的終極審判。

在百日之前的三、四天，我連續約了三場球，邀下注的球友見證。前兩場我都沒能過關，一直到最後一場。

在林口長庚球場，那天我前九洞打了五十桿，後九洞也能穩住，發揮得極好。一直到最後一洞，我打了四十五桿，我告訴自己，最後一洞四桿洞，我只要打五桿，就可以完成百桿目標，我下決心要達到。

沒想到第二桿短鐵桿失手，打進果嶺邊的沙坑，我仍沒放棄，一桿救回果嶺，最後兩推、五桿結束。

百日百桿，我在心中歡呼：我達成目標了！

只是高興沒兩分鐘，下注的賭友告訴我：「你輸了，百日破百，你要九十九桿破百才能贏，不過你能打到一百桿，實在很不容易，算是雖敗猶榮。」

我無話可說，認輸請客付款，交了朋友，也開始了我不可思議的高爾夫學習歷程。

2 打進百桿是禮貌

高爾夫是一種社交運動，球技過於差勁，會讓同組球友大受影響，所以打進百桿是禮貌，不可把球場當練習場。

有球友告訴我，打球反正是好玩，是業餘餘興而已，不需要那麼辛苦練球。我完全同意這個說法，業餘球友無需苦練，但要有一個前提，那就是：你要有能力打進百桿之內。

為何要打在百桿之內？理由是「禮貌」。

高爾夫是一種社交運動，又社交，又運動，每次打球都有球友，每個人打球都會影響別人。如果你的球技很差，同組球友很是尷尬，不但節奏會受你影響，甚至有些定力不佳的球友，還會和你犯同樣的毛病。球友不知如何安慰你，又怕你為難，又怕你傷心，結果是十八洞下來了無生趣。

這是我個人的經驗，我雖不至於拒絕與超過百桿球友打球，但其實這是痛苦經驗。因此我認為打進百桿是禮貌，是球友們自己要去努力完成，不可把球場當練習場。

其實打進百桿並不難，許多八十幾歲的老人家，完全沒有距離感，但短桿精準，推桿穩定，也可以打在百桿之內。只要稍加練習，人人都可以打在百桿之內。

3 持續穩定的練習

要享受學習的樂趣，就必須「認真」以對。任何事都是「台上十分鐘，台下十年功」，即使勤於練習，也不就是一般人的水平，如果不練習、不持續，又如何可能把球打好呢？

在百日百桿之後，我進入高爾夫的蜜月學習期，前後大約三、四年，這段時間，我的成績從一百、到九十、到八十幾，在球場上，我已可應付裕如。

表面說來似乎容易，其實並不容易，我雖有不錯的運動細胞，但是認真、研究與苦練仍然十分必要。

認真是因為球打不好很難過，無法享受打球樂趣，所以要認真學球，而穩定的練習就變成必要的過程。

那時候，我保持每週打一場球，而平時每週上一次練習場，每次練習場大約要打四、五百個球。這個分量對真正的球痴而言不算多，但對業餘球友就不算少。

我認真的練習，說明了一件事，任何事都是「台上十分鐘，台下十年功」，我算是很有運動細胞的人，連我這樣練習，也不就是一般人的水平，如果不練習、不持續，又如何可能把球打好呢？

4 向好老師學習

學習條條大路通羅馬，但好老師、好的學習方法可以讓你少走冤枉路，千萬別土法煉鋼、自以為是。

我學高爾夫的過程坎坷，半年內就打到「九十桿」（Bogey Base），自以為是天才！但從此無法再進步，其後就在九十與一百桿之間徘徊，成績不進步不打緊，更為難的是姿勢荒腔走板，難看至極！剛學球時最引以為傲的擊球距離，也不見了，這真是一段漫長的冤枉路。

幾年前我搬了家，社區裡有個小型的練習場，從此展開了多年的自我改造過程，每週三到四次的練球，成績雖慢慢進步，但是仍無法穩定，姿勢也依然醜陋。

後來，因為要創辦高爾夫雜誌，球技太差讓我覺得不好意思，只好下決心徹底調整。在偶然的機會下來到碧潭附近的練習場，又在久練不得其法下，決定找教練幫忙。於是在高姓教練的協助下，我透過電腦螢幕，看到自己醜陋的姿勢和不必要的多餘動作，真是「痛不欲生」！但也因為有了好老師、好教練，我的高爾夫學習之路才步入正軌。

回想這一段過程，我最大的錯誤就是「自以為是、土法煉鋼」，自負有運動天分，學球上手容易；覺得不需要專業教練的指導，可以自學完成，這真是大錯特錯！

我的錯誤是從學球的六個月開始，當時我快速進步到九十桿以內，想朝「單差點」邁進，覺得有必要再加長擊球距離，於是加大上桿動作，改變原有的擊球姿勢，從此我原有的「自然擺盪」（Nature Swing）不見了！「力度」（Power）也不見了！取而代之的是不斷修正後的怪姿勢，這一沉淪就是許多年。

我的第二個錯誤是，竟然以為可以不借助教練、不借助現代的工具，可以自己學習調整。事實上我是不斷的在原地繞圈子，調整一個錯誤，產生兩個新錯誤，所有的錯誤都犯了，但始終找不到穩定、正確的姿勢。

我發覺台灣的球友百分之九十和我一樣，不相信專業，自己土法煉鋼，結果是錯誤百出、事倍功半。看看我的例子，親愛的球友們，你還在土法煉鋼嗎？

5

一次練習一千個球

球技不佳，只有一個理由，就是「欠打」。一旦有所生疏，只要密集的練習再練習，必定能迅速喚回手感。

打進百桿之後，我在果嶺邊的短切桿常有失誤，一個球技高超的球友告訴我：「只要給我一下午，保證你切球變好。」

我果真和他一起去練習場，他首先告訴我：「短桿不佳，只有一個理由——欠打，就是打太少了，就是練太少了，今天你準備練一千個球吧！」

之後，他示範了十碼、二十五碼、五十碼、七十五碼的打法，叫我每種球先練五十個，有問題再討論，接下來就要我自己練習。

剛開始，我的失誤很多，但打多了，就慢慢找到手感，穩定度就提高了。短切球確實是靠手感，並不需要很用力，而手感就是要不斷的重複練習去培養，當真是打多了，就會好了。

打完不同的距離，我都會找到一些疑問向他請教，然後重新調整，調整到姿勢正確之後，剩下的就是苦練了。

那一天下午，我大約打了一千五百個球，數量雖多，但並不累，從此之後，我就不再畏懼果嶺邊的短切球了。

之後的一段時間，如果覺得短桿生疏了，我也會偶爾再去練習一次，每次幾百個球，就可以再喚回手感。

就這樣，短切桿成為我的強項，也是贏球的祕訣。

6 人人都有一得之愚

三人行必有我師，業餘球友們的姿勢可能不是百分之百完全正確，但也會有某種單一動作打得非常好，值得學習。我藉由球友的「一得之愚」修正自己的某些錯誤，效果十分良好。

我上練習場時，總是迫不及待的揮桿，以為透過持續不斷的練習，就會進步。後來某一次練習時，我發覺旁邊的球友，擊球節奏非常穩定，聲音扎實，忍不住仔細觀察他的揮桿，又發覺他幾乎是球球擊中「甜蜜點」（編註）。

我忍不住模仿起他的動作，剛開始時非常不順，後來就漸入佳境。那天的練球成果非常好，因為有一個人就在你旁邊，不斷的示範正確動作。

從此以後，我只要到練習場，一定先巡迴觀察一遍，尋找動作標準的高手，並盡量要求在他附近的球位練球。這是一個非常有效的練球方法，原因很簡單，教練或老師球技高超，所教的動作有時是業餘球友一時學不來的；而老師的示範也是偶爾一次，所以還不如身旁不斷練習的球友，他不斷的揮桿，就像一面鏡子，你可以體會他的節奏，可以學習他的姿勢，而且不斷反覆，學習的效果是加倍的。

向業餘球友學揮桿，變成我練習高爾夫重要的方法，後來我更進一步發揮這個概念，不只向高手學習，也向所有的球友學習。

這個方法是，在練習場觀察所有球友的動作，去分析、解讀每個人揮桿姿勢的優缺點，就算是不正確的動作，也具有高度的啟發性，可以看看自己有沒有類似的毛病。至於正確的動作，當然更要學習、體會、模仿。

有趣的是，球友們的姿勢可能不是百分之百完全正確，但也會有某一種單一動作打得非常好，值得我們學習。許多球友都有這種「一得之愚」，我藉此修正自己某些錯誤，效果十分良好。

只要有研究精神，三人行必有我師，向業餘球友學揮桿是有效的方法，但絕不能僅止於此，還要向教練學正確的方法，才能事半功倍。

編註：桿面的某一點與球接觸時，能夠碰擊出最遠的飛行距離，此點稱為桿面的甜蜜點（Sweet Point）。

7 看別人，想自己——向球友學

名師難求，而我以所有人為師，看到錯的姿勢，就研究錯誤姿勢的癥結所在；對於好的姿勢，更是立即揣摩學習。

和一位球友同場打高爾夫，他的姿勢又怪又醜，我很想笑，但勉強忍住，半場休息時，另一位球友說話了：「你們倆的姿勢好像！」這下換我笑不出來，天啊，我的姿勢怎可能這麼醜、這麼怪呢？

多虧這位球友，在他身上我終於看到自己，也讓我有機會改進。下半場我開始努力觀察這位球友的姿勢，看到底怪在哪裡？問題出在哪裡？我試著針對問題修正自己的姿勢，果然慢慢有所改進。

從此，「看別人，想自己」變成我的習慣，看到錯的姿勢，就提醒自己別犯同樣的毛病，也研究錯誤姿勢的癥結所在；而好的姿勢，更要立即揣摩學習，也進而研究其道理。久而久之，我從周遭的球友身上學到很多。

有人千方百計尋訪名師，精神當然可嘉，只是名師難求，而我以所有人為師，廣為借鏡，隨處可得，好壞對錯皆可學，只要自己用心。

以人為鏡，可以明得失，長技能，古人誠不欺我。

8 打球要有研究精神

打球不只用手，還要用心、用嘴。

不見得每個人都可以打得一手好球，也不見得每個人都可以把球打到三百碼遠，但每個人都有機會了解高爾夫的擊球原理，也能夠知道如何把球打遠的方法；這是打高爾夫的另一種樂趣，也代表一種人生態度。

這種態度叫做「研究精神」。我從打球的第一天開始，就用自己的思考、解釋與分析能力，來研究打高爾夫的每一件事。例如：球為什麼會打得遠，為什麼會打不遠？球打出去為什麼會左曲，為什麼會右曲，又為什麼會是直球？為什麼職業球員開球後，球座會往後彈？為什麼職業球員球打上果嶺會「倒旋」，而業餘球員的球只會往前彈？

高爾夫有太多學問了，對我而言，探索這些問題充滿樂趣，雖然我不是專業人士，但我靠著自己的好奇、自己的解讀、自己的分析，我也可以弄懂許多事；再加上看書與看雜誌，進一步校正自己的分析與解讀；如果有機會，碰上職業選手同場，更是我請教的好機會。就這樣，我差不多把大多數高爾夫基本原理和知識弄通了。

現在，只要看到球友打球，我大概都可以分析他們所犯的毛病，或者是他們打球的特色，這也有助於我檢討自己打球的問題。

可是我發覺，大多數球友只打球，但不具研究精神，他們只知其然，不知其所以然，所以許多基本的問題，除非有人當面指出，否則他們永遠無法自我調整。

或許球友認為，打球只是一項娛樂，為什麼要如此認真？但我的看法不同，過程中的思考沒有壞處，分析也不浪費時間，更何況有助於自己球技的進步，何樂而不為？

所以，不要只用手打球，更要用眼看、用腦想，加以分析和研究，高爾夫會更有趣！

9

一百桿的結構分析

分析打球的結構，才知道該如何加強練習。

剛開始打球時，我努力練球，練得最多的是木桿，因為想「求遠」；其次是鐵桿，因為想「求準」；至於短桿及推桿，那就完全不用練了！

直到有一次，我把整個擊球結構做個分析之後，想法大為轉變。我以一場球一百桿為基礎，發覺其中將近百分之四十是用推桿，約是四十桿；另有將近百分之二十是用短切桿（可能是P或S桿），也約有二十桿左右。至於其他的百分之四十，才是木桿及鐵桿，大概各占一半，各約二十桿左右。

當我分析完這個用桿結構後，我的練球方法完全改變，我開始花最多的時間練習短切桿。我知道一百碼之內的短桿是成績好壞的關鍵，至於推桿，因為一般的練習場並沒有適合的環境，我只好把推桿暫時先放一邊。

至於木桿及鐵桿，我看著球袋中的十二支球桿（扣除推桿及P或S桿），知道其中真正常用的球桿並不多，於是挑出四支球桿：一號木桿、三號木桿、五號鐵桿及七號鐵桿；我確信，打好四支球桿，對我來說已經足夠！

從此，我練球的比重徹底改變，在練習場上，我大約花百分之五十的時間，練習短切桿（一百桿之內），木桿及鐵桿各占另外百分之五十的一半，但也僅限於前述四支球桿，其他的球桿只偶爾拿出來試試。

這樣的練習法，讓我感受到全然不同的體會。之前以為木桿和鐵桿的打法不同，但後來發覺其實沒什麼不同（不確定專家是否同意我的說法？），因為穩定的劈起桿（編註）全揮桿，同樣也可以打好一號木桿，從此我知道，打高爾夫不只靠努力，知識與分析也是有用的。

編註：在地形條件複雜或球與球洞之間有沙坑、水、樹木等障礙時，劈起桿能將球高高打起，使球越過障礙，落在球洞區上。

10 不斷出現的錯誤

記住自己常犯的錯誤，不時自我檢查，因為錯誤會不斷重複出現。

如果一個人願意修正自己的錯誤，也能有效的拒絕錯誤繼續發生，那麼這個人很快就會變成無缺點且完美的完人。再多的錯誤，都可以透過日起有功的改正，一一改過。

但世界上很少完人，原因是人會修正錯誤，可是錯誤也會在不知不覺中重複發生，因為會重複犯錯，所以永遠要和錯誤戰鬥。

打高爾夫，就是不斷犯錯的最佳見證。每個人打球都有一些錯誤或者不良習慣，每個人也都努力修正錯誤，希望球技可以好一些、桿數可以少一些。可是每隔一段時間之後，這些已經被修正的錯誤，又偷偷的成為你揮桿過程中的一部分，而你又要花好長的一段時間，才能再次克服錯誤。

對於不斷出現的錯誤，我感受深刻，也認同必須不斷的自我檢視、修正，但其中最關鍵的問題在於：當錯誤偷偷跑回來時，通常自己不會知道，要花很久的時間才會發覺。當然，知道真相後，並不難改正，重新找出犯錯的根源，是我練習高爾夫常常要做的事。

舉例而言，我有一個錯誤是「瞬間快速上桿」，以至於下桿也是過度快速，造成擊球的高度不穩定。我花了很長的時間改正，但不久又失常。所謂的失常是開球經常失誤，讓我非常困擾，剛開始我並不知道原因是「瞬間快速上桿」的錯誤又回來了，後來經朋友提醒，才恍然大悟。

我再一次深切體會「重複犯錯」的問題。我嘗試把所有的錯誤寫成清單，一有問題就一一檢視，以免那些已經被我驅逐出境的問題又偷偷溜回來。

記住每一個錯誤，經常重新檢查，不只在打高爾夫時有用，做所有的事時，這個守則也十分管用。

11 執行力重於一切

學習是為學會，學會就可照自己的意思完美執行，好成績是完美執行的結果。

一場令人沮喪的球局，我大約錯失了近十次的「三呎推桿」，同場的球友不斷的安慰我，並嘗試給我一點建議，但結果依舊，錯誤依然繼續發生。

結論是：高爾夫是「執行力重於一切」的賽局。嚴格來說，三呎推桿其實沒有任何學問，也談不上任何標準的基本動作，不管你推桿的動作多麼怪異或不正確，三呎的推桿都是可進的範圍，剩下的就是你要把球推進，而我連續推不進，就是「執行力」不佳而已。

舉例而言，在開球台上，桿弟可能告訴你，球道右邊有水塘，請瞄準球道左邊開球，不幸的是，許多球友開完球，還是下水，這就是「執行力」不佳的問題——我知道要打左邊，我也瞄準左邊打，但是球偏偏向右邊飛去，令人懊惱沮喪！

高爾夫的道理不多，簡單明瞭，問題是大多數人無法按照心中的想法執行，打不出想要的球路，所以說高爾夫的關鍵是「執行力重於一切」。

而高爾夫執行力的關鍵，則在於穩定的球路，以及能克服緊張、壓力的心理素質。穩定的球路要靠不斷的練習完成，每一次擊球都有固定的擊球準備動作，有固定的上、下桿節奏，有固定的揮桿動作，所有的「固定」都要靠不斷練習，讓身體肌肉的記憶保持一樣的慣性，最後才能得到穩定的球路。

至於克服緊張、壓力的心理素質，則是另一種訓練。每個人都知道，當職業球員面對決定勝利的最後一推，如果關係到五十萬美元的勝負時，沒有人能夠輕鬆以對；而好的職業球員，不論壓力多大，不論肌肉如何緊張僵硬，他們仍然能夠按計畫，將完美的推桿「執行」完成，代表著他們的心智能控制行為。

我會錯失這麼多不可錯誤的推桿，簡言之，那不是缺乏練習（因為實在離球洞太近了），而是心理素質能否自我控制的問題，可能是我想進的決心不足，可能是當天心中有事，可能鬼使神差，但「執行力」不足絕對是關鍵！

心智能控制行為，而為我所謂的「執行力」。

12 選擇一邊犯錯——高爾夫擊球的策略規劃

因為精準執行很困難，打高爾夫必然犯錯；選擇如何犯錯，傷害較少，就是策略思考。

策略規劃是二十世紀的七〇年代以後，企業經營管理的顯學；企業做任何決定，都要從外部環境、長期發展等宏觀的高角度，思考公司該做什麼？該怎麼做？而打高爾夫是一項運動，和策略規劃有沒有關係呢？根據我個人的經驗，肯定是有的——每場球有策略，每一洞有想法，每一桿也有抉擇。

「選擇一邊犯錯」是我在打每一桿時，最重要的策略思考。基本上，高爾夫是講究精準的運動，卻是透過打擊率去完成，例如針對職業球員的統計：開球上球道率、上果嶺率、沙坑救平標準桿率等等，都表示高爾夫運動追逐的是少犯錯，而不是不犯錯。既然犯錯為必然，那麼，考慮如何犯錯就成了每一桿的重要策略。

每一次下桿前，我想的不只是精準，例如：打多少碼、打什麼方向、用哪一支球桿；想完精準時，更重要的思考是，如果犯錯，要犯哪一種錯？或者說，我會決定要如何犯錯。

舉例而言，上果嶺前，如打過長之後，要面臨回切的下坡果嶺，不好控制，而打短則面臨容易處理的上坡切球；這種情形下，我會決定「寧短毋長」，選擇精準的球桿，如果失誤，會較短而不過長。再如開球時右邊是界線（OB）、左邊是水塘，當然選擇打中間，如果犯錯則「寧左毋右」，因為少罰一桿，傷害較輕。

再如果嶺上推桿，要過長還是不足，也是選擇的重要策略，如果是博蒂機會，當然要選過長，否則沒機會進。

「選擇一邊犯錯」和「選擇犯什麼錯」，都是高爾夫的重要策略，也比選擇精準重要。對一般球友而言，所有的擊球成功率大概都不會超百分之五十，代表你打壞的比率高於打好的，因此，想如何犯錯或犯什麼錯傷害較低，會比想如何打好實際得多了。

13 不連續犯錯——避免崩盤的基本法則

好成績的關鍵，在於不犯連續性的錯誤。連續性的錯誤會導致前功盡棄，出現單洞大崩盤；要認分的處理第一次錯誤，不要出現連續性的第二次錯誤。

業餘高爾夫球手與職業球手最大的差別在哪裡？「會崩盤」與「不會崩盤」就是關鍵。

崩盤指的是在一場球的某一洞，出現完全不合理的桿數，例如超過標準桿三桿或者更多。一場球只要出現一洞崩盤，就會吃掉你這場球所有的努力。如果有兩洞以上崩盤，就一定會超出你正常的差點應有的桿數，因此控制或處理崩盤，就是業餘球員得到穩定的成績，或者更好成績的關鍵。

舉例而言，打出界線其實是業餘球員合理的狀況，就算某一洞打出界，只要你靜下心來善後，以柏忌（Bogey）作收，也不過是超三桿而已，並不嚴重，但是如果你連續犯錯，崩盤就出現了。

單洞大崩盤，通常是因為業餘球員連續性的犯錯，例如出界之後，仍不死心的繼續拚命，想打出好球補救回來，那你就有機會出現第二或第三個出界，造成大崩盤。

再如你不慎打入樹林、長草、沙坑，如果你認分的選擇損失一桿，通常都還有機會，以超一桿結束，傷害不大；但如果要拚球，通常會再犯第二個錯誤，也會導致崩盤。

因此，「不犯連續性的錯誤」就是高爾夫好成績的關鍵。要知道，在一場球中犯幾次錯誤，對業餘球員來說，都是合理的，也不致有太大的傷害，但是連續性的錯誤會讓你前功盡棄，出現單洞大崩盤，再多出現幾次大崩盤，就是整場都崩盤了。

認分的處理第一次錯誤，不要出現連續性的第二次錯誤，絕對是好成績的基本原則。

14 調整姿勢十五年

過了六十歲，我才感覺我的姿勢調整好了，因為我的距離回到初學時的水準；而我的準度也變好了，這校準的過程花了我十五年。

我四十三歲學高爾夫，很快就打到九十桿以下，只是我想成為單差點，於是開始調整姿勢，希望加長距離，沒想到從此花了我十五年的時間，才找到正確的感覺。雖然我仍然不知道姿勢是否正確，但連續出現的低桿數，證實我大幅進步；而我的開球距離也創下了自己的紀錄，我似乎又回到四十歲初下場時的水準。現在我老了將近二十歲，力量肯定變弱，因此，距離恢復的理由只有一個——我的姿勢調整了。

還有一個重要的佐證，開完球，我能用標準姿勢收桿，充分感受到自己打球是用下盤的腰力，上半身及手的力量用得少了，流暢的感覺也更為有力。

雖然我現在還不能穩定地用標準姿勢打球，但在練習時，我至少知道什麼是標準姿勢，回想起來，這段歷程花了我十五年。

這十五年來，我曾自責，也飽受挫折，甚至想從此收桿不打，但社區練習場就在我家庭院邊，再加上少運動，到練習場打球變成最容易實現的運動，就一直不停的打下去，而我也不中斷的自我摸索，調整姿勢，現在終於看到一些成果。

不放棄，用心體會學習，時間會改變一切；有耐性，就會有成果。

【第三部】

自學偷學的方法

第一章　跟人學——人、專家、隱藏性知識

學習一定要有老師，老師只有兩種，一是書，一是人，兩者互為表裡，交互運用。

離開了體制學校，學習進入自學與偷學，人人都可能成為學習對象，只是沒有老師之名，他們也沒有教學的責任、義務，學習要靠每一個人自己想盡辦法完成，學習的成果落差極大，也影響每一個人的成就。

每個人都擁有經驗，這些經驗通常未經文字化表述，都是每個人身上的「隱性知識」，不說出來，別人無從知悉，也無法學習。跟人學，就是要學習這些獨家理解的隱性知識。

自學的對象中，最容易接近的是同事，工作中同事之間互為老師，互相啟發，但傑出者通常擁有最多智慧，學習的對象首選傑出同事。

老闆與主管是另一個必然的老師，他們本身就具有教導的責任，只是學習者如果能主動積極鎖定老闆為學習對象，將會得到更大的學習空間。

外在的專家是各種專業領域老師，每一個人都要按照自己的需要，去尋找各種專家學習，要把專家變成自己的智庫，最好能隨時請益學習。

不過，在尋找專家時，要找到真正的專家，不要求助於外行的專家。專家都有個性，接近請教的過程要有誠意、要細心、有耐性，才能獲得專家的認同。

還有許多知名人士，像是大企業家、大教授等各種名家，這些人也都可以學習，雖未必能親炙，但從各種轉述的報導，也可以得到啟發，不可忽略。

1 老闆是最重要的老師

老闆不只是發薪水給我們工作的人，他也是我們最可親近的老師。
主管不只是每天管理我們、分派工作的人，他也有責任教會我們。

我許多能力是從老闆身上學到，這老闆包括直接主管，也包括真正的大老闆。當記者時，主管召集人教我寫新聞，採訪主任教我策劃處理新聞；剛畢業時賣保險，主管教我銷售技巧，後來公司賣給李嘉誠，我從李嘉誠身上學到如何經營管理公司，也學會用人與氣度。（儘管這些老闆也都給我帶來一些困擾，我也不盡全然喜歡他們。）

老闆與我們長相左右，隨時都有老闆，我們一切都關乎老闆，如果要找一位老師，老闆是最合適的人選，也擁有最多工作相關的專業。

我永遠注意老闆的一舉一動，盡可能學習他的專業、能力、知識。如果他的為人處世也值得尊敬，我也會學習。

不要只把老闆當作發薪水的人，也不要把老闆當作會找麻煩的討厭鬼，從他身上學習才是聰明的思考，因為老闆是老師，不要刻意躲著他，離老闆近一點，才有機會多學一些本事。

不要認為接近老闆是逢迎，要學習迎合老師是應該的；也不要討厭老闆，就算他不講理，可能也罵過你，但是誰沒被老師罵過呢？我們不能因被罵而討厭老師；更不能認為老闆是敵人，也許他和你的立場不一樣，利益也有衝突，但了解敵人的想法，學會敵人的本事，是打敗敵人最好的方法。

不論老闆做了什麼，只要你沒決定離開公司，就要看老闆的優點，欣賞他的專業，努力學習，仔細觀察，從老闆身上學到本事。

而主管是另一種老闆，雖然他可能只是大工頭，但是在專業上，他絕對有其能力，因此就工作上的專業，他也是最好的學習對象；從主管身上學專業天經地義。

主管本身就具有訓練功能，他必須教會所有團隊成員，才能順利完成任務，但不可因主管有教導之責，我們就被動接受，而是應該主動的請益、提問，讓主管留下深刻的印象，讓自己成為組織中成長快速的人。

老闆和主管都是職場學習的關鍵人物。

後記：

❶我的經驗是，敢和我親近的員工常是學習快速的人，也可能是未來最有潛力的主管。

❷老闆的道德水準未必高尚，但工作能力一定很好。

2

向資深員工及傑出同事學習

資深員工如果沒有升上主管，通常代表失敗，也很可能在組織中被忽視，可是他們身上有許多寶貴的經驗。

而傑出工作者能力出眾，更應多接近學習。

服役時，我是少尉政戰預官，什麼都不懂的我，卻是全連的二把手，連長不在時，我就是最高指揮官。不過，我經常在處理事情時，會面臨不知如何是好的窘境。那時有兩位老兵給我很大的幫助，一位是行政士官長，一位是汽車維修士官長，他們一生都在軍中，對所有的狀況都瞭如指掌。

剛到軍中時，我不太抽菸，所以我的香菸配給都給了這兩位士官長。另一方面，由於他們年紀大，當我父親都有餘，我發自內心的尊敬他們，因此我官階雖高，但與他們相處融洽，他們也常私下提醒，讓我少犯許多錯。

在我短暫的保險工作生涯時，我特別喜歡接近那些傑出的銷售人員，因為我很好奇他們如何完成不可思議的業績。我只是多一些禮貌、多一些請教，他們就感到窩心，讓我在短暫的時間中，就得窺銷售工作者一些不為人知的奧祕。

資深工作者及傑出頂尖工作者，是職場中最佳的學習對象。

資深工作者雖未必能力很強，但一定非常理解組織的生態，對老闆、主管的個性瞭如指掌，知道什麼時候該做什麼事，什麼狀況該說什麼話，拿捏精準。

他們也對組織中的潛規則十分清楚，什麼事規定不可做，但其實做了無妨；什麼事規定可做，但卻千萬別做……，從資深工作者身上，可以找到聰明的行事之道。

至於傑出的工作者，則是組織中的天之驕子，他們會受到主管的重視，也有較大的自主空間，而有效的工作智慧，都隱藏在這些傑出的工作者身上。

和傑出工作者學習有效率的工作「Know How」，從資深員工身上則了解組織的生態，這兩者都是最好的學習對象。

這兩種人的相處之道不太一樣，對資深工作者要嘴甜、姿態要低、要尊重，必要時要施些小惠。資深工作者因年歲大，難免不積極，可是卻有極佳的存活之道，新進人員只要態度好，並不難與其接近。

可是傑出同事就不太一樣，他們通常自視甚高，如果不能讓他們感覺你潛力很大，他們不見得願意交往。

所以面對傑出同事，要表現出積極態度，也要展現適當的工作能力，再加上誠懇及尊重，他們會覺得你是同類人，而願與你接近。

傑出同事會有許多獨門工作方法，他們不見得會公開，但接近就可以了解，就有機會偷學，透過觀察、溝通、不經意的詢問，就有可能拼湊出他們的私房訣竅。

資深員工及傑出同事，是職場中除了老闆及主管之外，另一種可以學習的對象。

後記：

如果自己也是傑出工作者，其他傑出工作者可能是我們的競爭對手，要如何相處呢？最好的態度還是把他們當作交流學習的對象，對升遷抱著坦然的態度。

3 尋找專家及達人

要成就過人的專業，一定要向最頂尖的專家達人學習，而且最好是向全業界最好的專家學習；如何找到專家、接近專家，就有很大的學問。

每一個行業、每一種工作、每一種專業職能，都存在著專家與達人，這些人可能沒有跟你在同一個工作的組織中，但卻往往是最佳的學習對象。

要和這些組織外的專家、達人學習，要有耐性，要有方法，要鎖定長期追蹤。

學習的第一步是人肉搜尋，並仔細觀察。先上網搜集，把他們公開的訊息徹底了解，仔細閱讀已公開的「Know How」，並長期追蹤、更新。

同時也要透過實體世界的人際關係，了解誰認識他？他有什麼朋友？以做為下一步接近時的介紹協力者。

第二步則是接近，尋找專家可能公開出現的場合：酒舍、座談會、演講會，然後要像追星一樣，場場必到。

碰到面之後，一定要讓他留下印象，提問發言是最好的方法，借用發言過程，彰顯你的特殊性。如果能私下聊上幾句最理想，這時不但可以換名片，還能直接請教問題，當然還要嘗試留下日後聯繫的方法。

如果找不到公開接近的方法，就要設法安排私下的會面，最好的方法是找人幫忙介紹，先在自己的朋友圈中蒐尋是否有人認識這位專家，如果沒有，還要擴大蒐尋範圍。

就像許多年輕人想請教我問題，輾轉找了許多人介紹，他們的想像力及耐性，令我折服，也通常會與他們見面。

第三步則是建立請教的管道，用電子郵件往來是最佳的方式。現代人名片上通常有電子郵件帳號，而用電子郵件請教問題是最安全的打擾，因為接到陌生的郵件是常態，可回可不回。第一次發送電郵，最好禮貌而周到的表達仰慕之意，然後問一個容易簡單回答的問題，這是重要關鍵，因為問題太複雜，又是陌生來信，通常不會有回音，但如果問題簡單明瞭，對方可能就會回答。

不論有無回音，要有耐性繼續請教，通常皇天不負苦心人，不斷敲門的結果，都會有好報。

可以這樣學習請教的外部專家達人，最好不只一位，還要在各種不同領域，各有對象，讓自己學習的範圍擴大，如果能構成一個個人的顧問圈，最是理想。

與外部專家交往，要從陌生開始，因此方法要細膩，才有可成。

後記：

❶我常接到陌生的電郵，通常只是看看就算了，但有一種電郵我通常會回，就是年輕人的請益或詢問，前提是問題不能複雜，而且要有趣。

❷觀察名人、了解名人是非常好的學習方法，有時候只是一句話，但一生受用。

4

只能問三個問題

有機會接近名人、專家十分難得，要把握請益學習的機會，但因時間短，且對方可能沒耐性，所以要事先把問題簡化成三個關鍵問題。

記者工作一向是「跟人學習」，採訪專家，把他們精彩的經驗和知識，轉化成大眾可以了解的訊息。其第一步是記者自己要先學會。

我的經驗是，越重要的專家，能受訪的時間就越短，採訪的急迫性也越高，難度越大。如要能順利完成，通常要做複雜的事前準備工作，要做到「只問三個問題」，就要完成採訪，這是採訪的最高境界。

為什麼只能問三個問題？重要的受訪對象，職位高、工作繁忙，所以能給的時間不多，因此要把握時間，三個問題可有效控制時間。

其次，重要的受訪者通常沒耐性，說話要言不煩，如果問太簡單入門的問題，無疑浪費他們的時間。因此一定要把整個訪問濃縮成三個問題，每一個問題都要切中要害、環環相扣，才能完成有意義的深度訪問。

「只問三個問題」被我延伸為重要的學習方法，當我有機會面對指標型標竿人物時，我要把握這機會，用三個問題問完我想要從他身上得到的答案。

當我受創業折磨時，我有無數創業相關的疑惑，亟待尋求解答。我會把這些問題歸納整理成幾個「大」問題，自己先不斷思索，以求先找到一些可能的答案。只要我有機會遇到任何創業有成的人，我就會選擇其中的問題提問，不論是臨時起意，或者事先排定的見面，我通常有機會問完三個問題，而每一次我都收穫豐碩。

這是有方向的持續學習，針對一個領域、一個主題，鎖定知名行家，準備好問題，隨時尋找行家解答。

有時候，我也會遇到一些特殊的專家，他專長的領域可能不是平常我涉獵所及，但只要這領域是有趣的，我也會在見面前先行研究，找出幾個關鍵問題，適時提問，以增廣見聞。

事前的研究準備，目的就是在濃縮出「三個關鍵」問題。重要的專業人士通常自視甚高，對一般的入門性問題沒興趣回答，甚至會直接告訴你回去看書，要不然就隨便敷衍兩句，進而會看不起你，這樣連以後繼續請教的機會都斷絕了。

我是在受到幾次挫折之後，才領會出知名專家們的心情，而當我有備而來的提問時，我常發覺專家們的眼神不一樣，他們會認真嚴肅的回答，有時候還會認為你程度好、是有研究的人，回答也就直指問題的核心。

「向人學習」是人生每天都在發生的事，只是學習的對象並不是老師，也沒責任要教會你，甚至會覺得你在打擾他，因此唯有問出有深度、有水準的問題，讓對方覺得是在討論、在對話；有共鳴，才能激起專家談話的興趣，而我們也才能真正從專家身上排難解惑。

事前深入研究，隨時準備，找到迷惑的關鍵問題，將其放在心中，只要遇到行家、找到機會，就提出三個問題吧！

後記：

❶問題可分大、中、小，甚至小問題中還有小問題，因此，隨機提問一定無法有效解答，提問者自己事前的整理非常重要。
❷不要把問題浪費在無關緊要的題目上，每個問題都要切中要害。
❸問題的內容，可以看出提問者的程度及水準，沒有人會回答沒有深度的問題。

5 問因果，不要問結果

學習通常是因為有疑惑待解，因此遇到專家時，許多人會直接問答案，如果專家也直接給了解答，學習者雖知答案，但可能只知其然，不知其所以然；下次遇到同樣問題，仍不知如何自行解答。

一個餐會中來了一位研究股票的老友，聊天時，大多數朋友都要他分析股票，只見他面有難色，但還是勉為其難的開口了。

這位老友從美國的經濟，分析到日本的日幣貶值以及歐債危機，還有大陸的經濟發展和地方財政危機，當然也兼及重點產業——金融、房地產、高科技產業等的趨勢；他真是專家，說得頭頭是道，令我十分折服。

可是大多數在座的朋友，對他的分析十分不滿意，因為他始終沒說出大家想要的答案：哪一支股票會漲，哪一支股票可以買。

這是典型的「只問結果，不問因果」。大多數人遇到問題而要尋求解決時，通常直接問結果、問答案，而沒耐性聽道理、聽分析，不重視邏輯推理，也不重視因果關係。

過去我不懂得當主管時，看到部屬的問題，我都是直接給答案、糾正錯誤；而他們遇到困難時，也會習慣來問我的決定和答案，他們把最後的裁量權留給我。可是後來我發覺部屬的成長很慢，甚至是不成長；有時候連重複發生的事，他們都沒學會從經驗中去處理，還是要等待我的答案。

之後，我決定改變做法，我只分析道理，我不給答案，答案要他們自己找，決定要他們自己下，我變成「只分析因果，不給結果」。

事件的因果關係，隱含了前提假設及邏輯推演，當然最後會得到結論，也可能可以得到正確的抉擇。懂得道理，當事件重複發生或情境類似，都可以借鏡，聰明者甚至可以舉一反三，觸類旁通。

所以了解因果關係、明白道理，是一個人學習成長的要件。每個人都會經一事，長一智，原因就在於要知因果、懂道理，透過事理的分析，就可以找到正確的答案。

所以，問因果比問結果重要。直接問結果，雖然簡單快速，可以立即去做，解決困難，但通常是「知其然，不知其所以然」，能力不會增加，只是變成一個單純的執行者、工作機器，永遠只是個生產力不大的基層人員。只不過人類的惰性，讓大多數人都習慣只問結果，沒耐性學道理、聽分析、問因果。

長期的工作訓練，讓我早已習慣找原因、找道理，自己找答案。而遇到專家、智者，這更是排難解惑的機會，所有的問題要聚焦在「為什麼」，要不斷的問「為什麼」，而不是問「結果是什麼」。學會分析，永遠比找到答案更重要。

後記：

❶遇到有人問問題，我通常不會直接給答案，而只是分享利弊得失。我期待他們自己做判斷，因為每個人的選擇可能不一樣，我不應替提問者選擇。

❷如果答案不涉選擇，那我會給答案，但也會解釋其道理。

6
外行的專家

有問題，尋找專家解惑是好習慣，但要找到真正的專家，才不致誤導。朋友是最可怕的誤導者，很熱心但又不在行的朋友尤其可怕。名人也要小心，只能問他的專長，不能問其他問題。

三十歲的時候，一位同事想在天母買房子，請教我意見，因為我是天母通。我從小住在天母，我帶同事去天母玩，每條大街小巷無所不知，所以理所當然也就應該知道天母的房價。

其實我一無所知，從沒想過買房子，對房子完全沒概念。我告訴同事我不知道，但他回我：「天母你熟，幫我問問看。」我問了幾個鄰居，他們其實也不了解，告訴我一些輾轉聽來的訊息，我也轉告我的同事。根據這些訊息，我同事就在天母買了房子。

房子雖好，同事住熟了之後，就發覺房子買貴了，一坪貴了一、兩萬元，當時天母房子一坪才十萬元多一點，他買的貴得很離譜。他沒怪我，我卻自責很深，因我提供了錯誤訊息。

我自我檢討，是哪一個環節出了錯？我是天母通，同事問我很合理，我也「努力」去打聽，問了幾個人，他們也不至於故意騙我，怎會誤導呢？

結論是，我們都是「外行的專家」，我同事和我都問錯人了。天母通卻沒買過房子，鄰居也沒買過房子，打聽來的訊息是仲介提供的，而他們習慣把價格說高一些，這樣房子才好賣。外行的專家實在害人不淺。

我們都常陷入外行專家的陷阱，我們有問題喜歡問朋友，因為朋友可靠可信，不會騙你；但朋友可能無知，更可怕的是像我一樣，看起來像專家，卻十足是外行。如果外行專家無知卻又熱心幫忙，那悲劇就發生了。

我們還會誤入名人的陷阱。在公眾場合中，經常有讀者問我一些非我專長的問題，我老實回答我不懂，可是讀者並不滿意，還要我多少說一些，常弄得場面有些尷尬。有時候在一些座談會上，讀者也會這樣問，可是有些來賓、名人明明不是很在行，卻也勉強回答。那些答案連在場的我都能察覺問題，可是讀者似乎聽了很滿意，這又是另一種外行的專家。只因我們太迷信名人，以為名人一定多知多才，以致問了不該問的問題，如果他們隨興回答，我們又信以為真，那又是一場悲劇。

凡事都要尋求專業，要問專家、向專家學習，只是是否為專家要再三確認，不要以為行業相關，就是該行業的專家，也不要以為地緣相關，就是該地的專家，更不要以為只要是名人，在任何方面都是專家。而朋友是最危險的專家，他們因為關心而主動提供訊息、主動協助打聽，我們也往往全然信賴，結果是問道於盲，成為外行專家的受害者。

後記：

❶找專家提問前，一定要自己做足功課。
❷切忌隨機提問。遇到人就臨時起意詢問，最可能問錯人。
❸問問題要經過思考，聽完解答也要思考，如果不能理解，還要問為什麼。
❹千萬不要相信專家，而要相信專家的說理，理不清也不可信。

7

可罵與可殺——向名人學習

這則故事是台灣一位知名CEO的經驗，他有膽識高薪聘請國外人士，也有圓熟的對應之道。當我聽到「可罵與可殺」的道理時，真如醍醐灌頂、茅塞頓開。

二十一世紀開始，台灣的高科技產業開始進入國際舞台，許多公司引進非台籍的專業經理人，這些外籍經理人都戰績顯赫，也學有專精，對台灣高科技產業的國際化，都有一定程度的貢獻。無可避免的，他們帶來某些企業文化的衝擊，尤其與台籍老闆之間，更是關係微妙；如何與其相處，變成有趣的課題。

一個用了許多外籍經理人的老闆，被問到這個問題時，他的回答極為有趣：「外籍高階經理人是客卿，可殺不可罵，本土的高階經理人是家臣，可罵不可殺。」

這位老闆引進外籍經理人時，通常給予功能性的職位，按其專長用在適當的地方，目的就是引進其專業，補本土團隊之不足，因此其績效極易被檢核，有效則繼續任用，無效則中止任用。因此，就算外籍經理人薪水很高，也不至於尾大不掉，變成公司的負擔。他任用外籍經理人可謂是：快、狠、準。

客卿與家臣，道盡了組織內部的生態。而「可罵與可殺」也道盡了老闆用人的帝王心術。

其實這個說法，不只適用在外籍經理人身上，也適用在任何組織團隊中。組織內一定有核心團隊，其成員除了能力傑出之外，共識與信賴更是不可或缺的因素，因此核心團隊通常具有家臣的影子。「家臣」不是好聽的名稱，而且具有封建色彩，比較好的說法是「自己人」，當然，「核心團隊」是更堂皇的組織名稱。

家臣是領導者最相信且倚賴的人，這種人通常服務期長，且過去已有明確貢獻，與領導者默契良好，可以無話不說。所以當家臣犯錯時，領導者無須顧忌，可以直言無諱，甚至破口大罵，也不傷和氣與信賴，這就是家臣可罵不可殺的道理。

但是「客卿」就不一樣，客卿通常是老闆自外延攬而來，具有一定的專長，雖然已進到組織中，成為組織的一分子，但是老闆對這種「能人異士」一定禮遇有加，就算發生了任何事，也一定會包容，不會給予疾言厲色，這就是客卿不可罵的道理。

不過日子久了，如果證明客卿的功能不彰，就會變成組織中多餘的人，讓其離開

（殺），自是必然的結果。

客卿有另一個說法，叫「傭兵」，當自有核心團隊能力不足時，請傭兵代打也難免。

可罵與可殺是領導者心中不太說出口的帝王心術。大多數的工作者不太能體會大老闆的心思，被罵而傷心、而挫折、而離職的人，所在多有，殊不知被罵不一定是壞事，有可能是老闆把你視為「家臣」，只要知錯能改，少犯錯，就能持續被信賴。

至於老闆的禮貌與客氣，通常不是好事，有風度的老闆不多，禮貌代表距離，客氣代表疏遠，職位越高，被禮遇的風險越大，「相敬如賓」通常是「相敬如冰」的前兆，千萬別搞不清楚狀況。

後記：

❶許多祕訣不屬於學理的知識範圍，也不見諸文字，只存在於某些體悟深刻者身上，他們不說，可能其他人一輩子也想不透，所以仔細聽這些能人異士的話，十分重要。

❷組織中的計謀（帝王心術）更是只能意會言傳，不好見諸文字。

8 獨持偏見，一意孤行——向名人學習

許多偉大的名人有大智慧，非一般常人所能及，從他們身上，我們有機會反思自我，雖未必能學會，但至少「雖不能至，而心嚮往之」。

在上海回台北的飛機上，看到一本對岸的刊物，提到近代畫家徐悲鴻的自況對聯：獨持偏見，一意孤行。其中還提到徐悲鴻的一生，獨鍾畫馬，筆下之馬神采飛揚、四蹄輕盈、栩栩如生，蔣中正曾要求購一畫，以贈國外友人，竟遭峻拒。徐悲鴻的一生，獨持偏見，一意孤行，真是最佳的形容。

合上刊物，我一時無法平復情緒，因為這八個字太深刻，也太熟悉了！這個社會上不隨波逐流的人很少，但只要不隨波逐流的人，哪一個人不是「獨持偏見，一意孤行」？哪一個人不是影像鮮明，令人印象深刻？又哪一個人不是樹立了一番功業，成為社會的典範？因此獨持偏見的人雖少，卻人人成就了一番豐功偉業，輕者成就自己的生意，重者甚至改變了人類的生活方式。

我第一個想到的是台灣很紅的中小企業——王品，因為在上海見到創辦人戴勝益先生，我們邀他以「誠信」為題，在簡體字版《經理人》的創刊峰會上，發表他對經營企業的看法。他以極端潔癖的道德標準經營公司，把每一個工作者當作家人；他捐出百分之八十的財產，自己身上沒有昂貴的名牌，不坐華車，也要求所有的主管一起奉行簡約；他不和政府官員往來，把所有的心力放在服務客戶上……。

戴勝益的演講，震撼了全場，卻也引來了許多討論，這樣的經營方式，在台灣、在中國真的行得通嗎？這會不會太嚴格了？這樣有沒有違法啊？每個人都有不同的解讀，每個人都有不同的答案。

想到這裡，我確定戴勝益是「獨持偏見，一意孤行」的，他的價值觀、他的想法，與整個社會的人都不太一樣，不一樣到很多人會懷疑：這樣的方法，真的可行嗎？

我想到的第二個人是蘋果電腦的賈伯斯，他雖然走了，但這個世界仍然用賈伯斯樹立的新規劃在往前邁進著，甚至我們會遺憾，賈伯斯走得太早了，還有一些故事尚未完成，人類在科技生活的變革，可能會因而放緩腳步。

賈伯斯做的事，從來都與世俗世界不太一樣，從iPod、iPhone，到iPad，每一個產品都重塑了新的規則，也開創了新的典範。

他的脾氣也夠怪，公司滿手現金，富可敵國，卻也從來不發股利，讓所有投資人恨得牙癢癢的；他用飢餓行銷，讓所有的消費者買不到產品，只有苦苦等待；他看世界每一件事都不順眼，可能的話，他都要重做一次……。

賈伯斯對「獨持偏見，一意孤行」也當之無愧，我知道「獨持偏見」的人是社會中重要的資產，因為他們在眾人皆睡之際，提供了不一樣的清醒答案，只不過主流社會往往容不下他們，逼得他們只好走上「一意孤行」的道路。

但並不是每一個獨持偏見的人，都能走出一條逆轉世俗世界的道路。我是一介凡夫，做不出獨持偏見的決定，但卻欣賞這些一意孤行的勇者。

後記：

❶偉大的人都是異類，不是異類不能成就偉業。

❷凡人聽到未必學到，但至少知道這些不平凡的人和我們想的不一樣。

第二章　如何看書學習

「書」是什麼？

書是當一個人有特殊的生活體驗，對這個世界有深入的研究或超乎一般人的發現時，把這些體驗或發現用文字寫出來，以供別人分享，供後人學習。所以書是最好的老師，所有的學習都離不開書。搭配老師學習的書稱為「教材」；看書自學，書是不說話的老師。

熟悉學校教育的人習慣被教導，不習慣自學，也不習慣看書學，所以自學、看書學是一種需要學習的專業。

看書自學的好處是，沒有時間、地點、環境的限制，隨時隨地可學；一旦學會看書學，學習無可限量，成長不可思議。

看書學習一定要專注，要重理解，要思考，要消化，把書中的內容轉化為自己一以貫之的思考邏輯。

看書學習不要小氣，書是最超值的商品、最大效益的投資，買書要大手買入，坐擁書城，學習才有無限的可能。

看書也要挑，挑精品、挑作者和出版社。

看書也有方法，導讀、自序、目錄、瀏覽、精讀等，各有其法。

看書學也要重運用，運用要即時，立即學、立即用。

要會用網路，網路是一本超級大書、萬用大書、隨身大書、解惑大書、指引大書……

1 隨身、隨時、隨地、隨一生

我一生與書為伍，所有的學習歷程都與書有關：學校的體制學習，要搭配書，自學、偷學，更以書為主要學習內容。看書學習的特色就是隨身、隨時、隨地、隨一生。

從一九八七年我創辦《商業周刊》開始，我就與書結下不解之緣。雜誌就是定期出版的主題書，我們每一週一本，和讀者分享商業知識，讓對商業活動有興趣的讀者，隨時補充、理解商業知識。

一九九五年，我們再成立城邦出版，有計畫的出版各類圖書。我們提出「隨身一冊」的訴求，期許隨時隨地、無時無刻，我們都有一本書伴隨讀者：在課堂、在辦公室、在家裡；在餐廳、在車上、在戶外；快樂時、悲傷時、孤獨時、疑惑時、工作時、休閒時、發呆時，書是我們永遠的伴侶、隨身的老師，是一生最好的朋友。

我自己就是這樣與書為伍，隨身、隨時、隨地、隨一生。透過書，我學會大多數能力；透過書，我解答了大多數的疑惑；透過書，我也得到最大的樂趣。一本書點醒我的人生，一本書也成就我的能力，一本書分享我的喜怒哀樂，一本書開啟了人類所有的知識寶庫。

書也是最好的老師，從離開學校以後，所有的學習都從書中開始。當記者時，遇到任何專業知識上的困難，就去書店裡找一本書，只要兩、三天的時間，就可以解答；如果不夠，再去多買幾本，也可排難解惑。

大學時期，雖然念過政治學、經濟學、民法、哲學、統計學，但都僅止於一知半解；但工作之後，都因為需要，重讀了這些基本學識，而且都是從解決困難的角度出發。這種具有高度的目的性，反而效果良好，更能心領神會；書本更勝於學校中的老師。

除了隨身、隨時、隨地學習的優勢外，書本更是替每一個人量身訂製的教本。雖然每一個人面臨的問題都不相同，但是書的多樣性及不斷推陳出新的出版品、海量的書籍，使我們不論面對什麼困難，都能找到相關的主題書，提供可能的解答；許多書常讓我感覺似乎是為我而寫。

「方便與超值」是看書學習的另一項優勢。一本幾百元的書，承載了作者一生的心血，透過閱讀的學習，是最便宜的學費。

看書學習雖然有諸多好處，但也有其困難。學習者要具有高度的學習意願，要懂得思考，要會選擇，要能自我消化整理。閱讀本身就需要練習與學習，看書學習並不是每一個人都擅長的學習方法。

不過，任何一個努力提升自我能力的人都不能不會閱讀，也要學會看書學習，因為這是體制學習（學校）之外，最有效的學習方法，決定了每個人一生的能力與高度。

後記：

❶看書人人會，但以學習為著眼的閱讀，也需要學習，也是一種專業。

❷善用隨時、隨地的特性，可以把學習擴展到極高效率，變成無時無刻不學習。

2

閱讀的功能：專注、思考

書靜不語，只承載知識，因此在閱讀時，一定要專注與思考，才能真正看懂內容、學會內容。閱讀是最好的專注與思考訓練。

閱讀是一種很特殊的學習方式，我們面對的是一個不會說話的老師，他透過文字陳述，告訴我們一些事實、一些真相及一些道理。

我們沒機會問，只能吸收，但如果只是接受和吸收，這只是「知道」，並不是真懂。因為這只是「看到」，沒有用心、用腦。

在閱讀的時候，我們一定會同時啟動大腦，同時進行思考、進行分析，這是解構與分析的過程，要把書中告訴我們的「是什麼」，轉換成我們自己找到的答案：「為什麼？」而當我們知道、想通「為什麼」時，我們已進入徹底消化的「真懂」層次。

在我們閱讀同時進入思考時，通常是書中的文字描述我們不能理解，因而產生質疑，但又無人可問，我們只能透過思考，自行尋找解答。這個過程迫使我們用心、用腦，這是最深刻的思辨過程，經過這個過程，我們可以真正理解書中的道理，而理解真懂之後，就算我們不能背誦，也可用我們自己的話語，重述書中的道理。

就算思辨之後，仍有部分不懂，我們也會深刻理解問題所在，而對已理解的部分則已徹悟。

書最大的功能不是承載知識、傳承知識，而是「靜默不語」。傳遞知識的同時，也啟動思考，迫使我們進入自我思辨的過程，這是最佳的動腦訓練，讓我們不只知道道理，而且能想通道理。

會閱讀的人變聰明，不只是因為知曉知識，而是因為思考，懂得自己探索、尋找知識的方法。

閱讀的另一項功能是提升專注力。因為閱讀通常是自主行為，沒有外力催促，因此閱讀時一定要全心全力投射在書中，不能旁顧，這是最佳的專注訓練。會讀書、愛讀書的人，通常會養成極佳的專注力。

閱讀是人生最重要的成長階段，三日不讀書，面目可憎，因為不思考，我們變笨了，因為專注，我們會有很好的學習與工作成果。

後記：

❶書的功能當然是傳承知識，但閱讀卻是一種學習訓練；沒有好的閱讀習慣，知識無法內化為每一個人的能力與內涵。

❷專注是一種心無旁騖的精神狀況，讓人集中精神在一件事上，無法關注其他。

❸思考則是思辨、轉化、論證的過程，經過思考而接受，我們才會真正相信，且牢記心中。

3 讀書在精不在多

知識豐富而不知運用，只能稱為圖書館或百科全書。讀書的目的，在解惑、改變及運用，因此跨出學校之後，讀書通常具有高度的目的性，在能用，在可用，而不在多讀。

我不愛讀學校規定的書，自然讀書不多，但我很會讀書，每讀必有收穫，精讀的書都影響我一生。

我很羨慕愛讀書的人，他們知識淵博，談吐之間引經據典，令人肅然起敬，與這些人相處令我自慚形穢。

不過後來我慢慢發覺，這些愛讀書、多讀書的人，卻未必都能學以致用。許多人論知識時頭頭是道，可是實用時，常用錯時地，或引錯典故、引喻失義，讓我這個書讀得少的人，稍微恢復一點信心。

我慢慢體會讀書的真諦：在精不在多，在徹底消化，在真正融會貫通，更在於能把所讀之書用在生活中、工作上，以及個人的身心修鍊上；一定要有所用、有所成，讀書才真正有意義。

以我學經營管理之例，我經營公司，非科班出身，完全在實務中慢慢學習體悟，因此靠閱讀學習是非常重要的方法。

其中，管理大師彼得．杜拉克（**Peter F. Drucker**）當然是我不能錯過的學習對象。他的眾多著作當中，我真正精讀的也不過兩、三本，其中的《創新與創業精神》（*Innovation and Entrepreneurship*）是我的最愛，前前後後我不知讀過多少遍，而且每一次回頭閱讀、查閱，都有不同理解，有時甚至還有種「今是而昨非」之感。

喜歡《創新與創業精神》一書，因為創新是企業經營中永恆的話題，到現在為止，都是企業經營成敗的關鍵，而此書又是其中最經典的著作。杜拉克在書中形塑了創新的原型，開啟了所有創新的理論與研究，並轉化成創新的實務。

在讀此書前，我已涉獵了不少關於創新的著作，在此書中，我第一次感到融會貫通、豁然開朗。也從這本書開始，我追蹤了經濟學大師熊彼得（**Joseph A. Schumpeter**）的「破壞性創新」的理論，以及企業家如何改變規則，促成產業及經濟的全面創新。

而在《創新與創業精神》之後，我又讀了當代創新大師克里斯汀生（Clayton Christensen）的通俗大作《創新的兩難》（*The Innovator's Dilemma*）及《創新者的解答》（*The Innovator's Solution*），我發覺從熊彼得、杜拉克，到克里斯汀生這三者真的是一脈相傳，其理互通、暗合。我認為讀過這些書之後，我幾乎不太需要其他書了，我自覺對創新已經找到了自己能使用、會變通的創新思考。

學習要從大師經典下手，把永恆的經典徹底讀通，在精不在多，要讀到不論實境如何轉換，自己都能解釋並運用自如的境界，這才能真正發揮學習的效果。

好學者貪多，自己陶醉在多學、多聞的滿足中，但卻未必對實務有用，自己的能力也未必增加。

後記：

❶成為一個博學多聞之人，當然是好事，如果行有餘力，多閱讀無妨。不過這種無目的閱讀，通常在人生的兩端——幼年及退休之後。

❷在青壯時期工作中的自學，因為時間、精力有限，閱讀就在精不在多，要有獨特性，要有可用性。

4

背誦強記要趁早

背誦是極重要的學習方法，只是背誦要有好的記憶力配合，青少年時期是最佳的背誦期，年輕時不妨多利用背誦，把各種經典刻印在腦中，隨時可以原文、原典重現，一生受用無窮。

年紀大了愛讀書，重讀了許多古文，也新讀了許多年輕時沒機會讀的經典，像是《詩經》、《莊子》、《老子》、唐詩、宋詞等，看到了許多名言佳句，看時體會甚深，也不免吟詠，這是年輕時養成的習慣，可是過不了幾天，全忘光了，這讓我不能忍受。以前我一向自豪記憶佳，吟詠幾次就能背誦，現在竟然不復記憶，於是再翻書重讀，並刻意背誦，只不過狀況沒改善，雖可能多記了兩句，但仍然掛一漏萬。試了幾次後，我認命了，我知道，好記憶力禁不起歲月的摧殘，年紀大了記憶就不可能好，所以我的結論是「背誦強記要趁早」。

背誦是學習非常重要的一環，數千年來人類的智慧化為許多經典篇章，這是人類最重要的資產，有時一句話勝千言萬語，有時一篇短文傳誦千古，這種經典不只要讀，最好還要能背，不時可以賞味吟詠，激勵自己，提升氣質。

我的好記性，讓我一生享受不盡。說話、演講時，經典名句脫口而出，我感受到別人尊敬的眼神；寫作、論述時，引經據典，勝過千言萬語。而且年輕時背誦的文章，一直到五十歲以上，都仍記憶深刻。

而我的好記性來自出聲吟詠，最適吟詠的篇章莫如《論語》與唐詩。年輕時許多同學羨慕我的記性，而我和他們歷經一樣的學習歷程，唯一的差異就是出聲吟詠，這應是背誦的有效方法之一。

好記性一直維持到三十歲左右，只要我想強記，多看兩遍、多念幾次，我大概都能達到接近背誦的地步。

只是過了五十歲後，好景不常，新讀的書記不住、背不出來。以前琅琅上口的也會淡忘，中間總會缺一、兩句，這讓我很沮喪，油然而生「背誦強記要趁早」的感慨。

現在的教育體系不鼓勵背誦，基本上我不反對，但如果是人類歷史上經過千錘百鍊的經典，我就認為應強行背誦記憶，這樣才能充分吸收，消化運用。

而這樣的背誦學習最好在二十歲以前完成，否則就要在進入職場的前十年，也就是三十歲以前努力做到，才能記得久、用得久。

年紀越大，記憶力變差，故不利記憶背誦，但對理解的能力卻是相對增加。年長之後的學習用想的居多，思考其中的道理，想通了也能懂，只是不是用背的方法。

年輕時背誦強記，年長時體會理解，這是人生學習的兩大主軸，別用錯方法。

後記：

❶背誦要選擇經典原文，如詩、詞、經典散文，傳誦千古的金句都應背誦。
❷背誦也可用在冗長的基本知識，如九九乘法、中國朝代表、元素週期表等。
❸背誦（記憶）與理解，互為消長，年輕時擅記憶，年長就要會理解。

5 台灣人為何看書少

看書要有動機，如果看書的經驗充滿挫折與無趣，一旦離開學校，看書就成為畏途，而使自主學習出現斷層。

統計顯示，台灣人一年只看兩本書；政府於是說要努力推廣。每次談到台灣的閱讀風氣，我都有話要說，試想：如果台灣人從小的閱讀經驗充滿挫折、痛苦，長大了還會想看書嗎？

當然不會！那麼，台灣人的閱讀經驗為何充滿挫折、痛苦呢？因為一直到大學，台灣人都沉埋在教科書中，念書是為成績、為考聯考，如果偶爾看看小說，看看其他有趣的書，就會被糾正，認為不努力。

那麼，台灣人為何從小只讀教科書？因為聯考只考教科書，而教科書讀久了，閱讀的胃口讀壞了，閱讀等於無趣、等於痛苦，因此當遠離聯考之後，還有誰願主動閱讀呢？

只讀教科書的另一個壞處是想像力不見了，習慣找標準答案，大家的思想都一致化，長大後台灣人的創意、創新能力也貧乏了。

因此我曾提出教改的建議，只要把聯考的範圍中，規定教科書的內容只占百分之六十，逼大家在教科書之外，多讀各種相關的「雜書」，讓閱讀範圍擴大，眼界開了，趣味多了，思想豐富了，想像力也大了；讓閱讀胃口不會變壞，長大了也不會變成不愛閱讀的人，台灣社會必然多元博雜，一切都會變好。

這是最簡單的教改，不失原有聯考制度的公平性，也不用大動干戈訂定新制，同時也是改變閱讀習慣最有效的方法。只可惜台灣的學者高官聽不下市井小民的愚見，我只能寫寫文章，孤芳自賞。

想改變自我的台灣人，一定要正視自己對閱讀的痛苦經驗，設法改變自己對書的恐懼，重新喚起讀書的樂趣。

後記：

❶我屢次建議改變聯考的內容，但不要改變聯考的制度，只是似乎都不見容於

教育體系。

❷知道自己的閱讀胃口不佳，就應從多看有趣的小說開始，重新培養閱讀樂趣。

6

一網買進所有書

要快速進入某一種新知識領域，看書學習是最好的自學方法。一次把各種相關的書買足，然後啟動快速的理解閱讀，不要計較金錢，這是學習的重要思考。

五十歲時，我發現自己血糖太高，除了看醫生外，我覺得我必須徹底了解糖尿病的狀況，於是我到一家大型書店，尋找所有相關的書。站在書架前，我看到各式各樣的書，有千元以上的類百科全書，有五、六百元的專書，也有兩、三百元的小書，我仔細的過濾挑選，總共買了數千元的圖書回家研究。

除了在書店翻閱感受之外，我還上網搜尋，我擔心漏掉一些嚴謹冷僻的專業書，這種書值得信賴，但讀者少，一般在實體書店不會陳列，只能上網看、上網買。

這是我下定決心進入一個新領域的第一步。

當我對一個領域一無所知，又必須徹底了解時，我的第一步就是「一網買進所有書」，徹底了解市場上已出版了哪些相關書籍，然後選擇自己的需要，全部買回家，通常第一次都會買到數千元。當然有些類型特別，本地出版品少，要買進口書，最多的一次經驗是，我要裝修房子，總共買了數萬元的進口裝修設計書籍。

第一次買書的選擇很重要，通常會包括以下幾種：（一）像字典型的類百科，包含所有知識，供查閱用。（二）像歷史般的知識發展史的書，讓我了解這領域的起源、沿革、變遷。（三）給外行人看的該類型知識的入門小書。（四）該領域知名學者、專家的經典著作。（五）該領域的各種次分類的主題書。有些領域很寬闊，我可能只關心某些次類型。（六）該領域最暢銷，或最嚴謹、最專業的書。

這些書買回家後，我會快速全部瀏覽一遍，目的是決定我的閱讀順序，也建立一些我對該領域的基本了解。

標定順序後，我會速讀及選擇性精讀。速讀是快速瀏覽，然後找出該書的精華重點，然後選擇性精讀。通常我會在一星期內速讀完所有第一次買回的書籍，這並不是代表我全部讀通，而是知其梗概，知道包含哪些知識與內容，以及這些知識各在哪本書的哪些位置。通常我會用易貼標籤標出重點，日後查閱、精讀時，就方便進入。

經過這一個禮拜或十天左右的囫圇吞棗後，我對這領域已不完全外行，已具有初步的常識，然後就可以進入第二階段的學習。

第二階段的學習，包括再補充購買遺漏的書籍。因為第一次雖想一網打盡，但因不理解，可能買錯或遺漏。深度精讀某些經典著作也同時展開，大概需要三個月的時間，我可能成為此領域熟悉及理解者，稱不上專家，但必要時應付一下，肯定夠用。

看書是自學最重要的方法，其中最大的障礙是小氣，覺得書可能只看一次，所以少買或到處借，殊不知浪費的是時間。書是天下最寶貴的產品，也是最便宜的產品，買書一擲萬金、絕不手軟，是多才多能學習的開始。

後記：

❶ 許多人向我抱怨台灣的書貴，我無言以對，他們不知美國的精裝書動輒三十美元以上，翻譯成中文版後的售價，換算起來最多也不過十幾美元，到底誰的書貴？

❷ 覺得書貴，完全是忽視了書的價值。吃大餐、買衣服在所不惜，卻抱怨書價貴，如果他們成長有限、前途無「亮」，也不足惜。

❸ 放手買書，投資自己吧！

7 如何挑一本書

台灣出版市場的蓬勃，對愛書人絕對是好事，但也會對閱讀出現困擾，因品項眾多，無所適從。因此讀書前，要先學會挑書。

做為一個出版人，我非常了解書是如何出版的；做為一個閱讀者，我也在意書的品質與內容，這兩種身分促使我變成書本的極端挑剔者。如果不能挑到一本內容正確可信的書，那我寧可不讀。

書無好壞，隨個人的喜好及使用功能而異。但書絕對有正確與否的差異，正確的書，閱卷有益，但內容有問題的書，則遺禍讀者，誤導知識訊息。

讀書之前，必須先準確挑一本對自己有用而且正確可信的書，這包括七個繁複的步驟：

一、**從書名看選題是否合乎自己的需求**：書名通常代表全書的內容方向，因此選書從書名開始。

二、**檢查作者的身分背景：**書是由作者創作而成，作者如是知名學者、專家，且寫其專長內容，其內容自是可觀可信。如不是專家，也要有足夠的說服力，證明作者有能力完成此書。如果作者身分不詳，背景交代不清，就好像無執照的地下醫生，其著作不可信賴。

三、**仔細過濾全書目錄：**目錄的功能是提示全書的內容結構，可以更清楚的指示內容的方向、範圍，並可以看出寫作的方式。從目錄中可看出內容是否符合自己的需要。

四、**瀏覽書中的推薦、序言、導讀等相關介紹文字：**其中尤其以導讀最重要，導讀通常是由相關的學者專家，針對書之價值、意義、由來進行介紹，以協助讀者閱讀，寫得好的序言、導讀可有畫龍點睛之效，也代表書的價值。

五、**檢查出版社的背景：**出版社規模落差甚大，品質參差，通常要選擇該領域聲譽卓著的出版社，較能確保品質。

六、**試讀其中一段或一章：**如果前述的步驟仍未能確認書的品質，那麼一定要試讀。可挑其中有趣或重要的一段試讀，試讀最能確認書的品質。試讀也包括瀏覽全書的形式，是否有圖示、圖表、插圖、照片，這些影像化的內容，最容易看出品質。

七、最後確認書的頁數、價格、印刷條件、開本、規格：這可以確定此書是否值得購買，價格又是其中關鍵因素。

以上這七個步驟是選擇書的必要程序，有時不須完全走完，就可知書值得閱讀。現在市場上出版量龐大，讀者在閱讀前，一定要小心選擇，否則選錯書，受到不正確的內容影響，後果嚴重。

挑書另一個重要功能是要吻合自己的需要。書目眾多，我們無法盡讀，只能選擇自己的興趣、疑惑所在，定向閱讀，才能收到事半功倍之效。

挑書不但挑正確，也挑精準，我們才能提高閱讀學習效率。

後記：

❶經營出版，讓我深知書的內容品質落差極大，誤買品質不佳的書是常有的事，不可不慎。

❷買書要重視品牌，作者、譯者、出版社都是品牌，品牌保證品質的相對良好。

❸讀者自己需建立自己對書的判斷力。

8 如何讀一本書

讀書也講究讀書方法，讀書也有標準閱讀流程（SOP），透過這七個步驟，就可快速吸收書本知識。

閱讀有兩種形式：一是享受閱讀的樂趣，二是尋找問題的解答，並累積某一種類型知識。享受閱讀樂趣，不需要講究方法，愛怎麼讀都可以，火車上、客廳中、沙灘陽光下，我們在乎閱讀過程的愉悅，徜徉在書中的異想世界。

可是，若是想透過閱讀學習某種知識，並尋求問題的解答，那麼就必須講究閱讀方法，就要學習「如何讀一本書」。

我書讀得不多，但每讀必有收穫，有收穫必可應用，每次應用必可提升工作成果，並且彰顯我個人的能力與價值。

我將「如何讀一本書」歸納為七個步驟，翻開任何一本書我都用七步驟閱讀，快速將書中的知識轉化為己用。

一、**首先是快速閱讀全書的提示性文案：**包括封面、封底、摺口、推薦、序言、導讀等，這些文字通常都是作者、編輯寫來協助讀者理解此書，通常讀完就可知道此書的定位、重點、功能及對讀者的意義。

二、**仔細研究目錄及第一章：**目錄是全書綱要，通常讀完就可知道作者的寫作邏輯，書名僅能提示書的內容方向，可是目錄就可以知道全書的細節。研讀目錄還有一項重要任務，就是要挑出全書的重點章節，進行精讀。研究完目錄，接著也要閱讀第一章，第一章通常描寫寫作動機，也是全書的起點。

三、**快覽全書：**通常這只要花十到二十分鐘，需要用一目十行的速讀，並非要知道真正的內容，只是要知道書中各章節包含哪些重點，尤其要注意核心概念、架構、有意義的圖表，再次確定精讀重點。

四、**擇定重點章節精讀：**這是讀一本書的關鍵，決定了能否有所收穫。精讀不只要讀，還要思考，還要質疑、辯證，目的是要徹底消化吸收，必要時還要背誦。

五、**延伸閱讀到非重點章節：**精讀重點章節後，一定會提及其他章節，只要順著脈絡延伸閱讀，並視其重要性決定精讀或只是瀏覽。經過延伸閱讀後，通常可掌握全書。

六、複習重點章節，並列出全書可用的重點摘要：重要的書的重點章節，通常要讀兩、三次，才能真正的融會貫通。而做摘要整理，讓我能把有用的內容轉化成我自己的說法。摘要內容通常包括原理、原則、定律、知識點（詞條）、圖表、故事、案例等（另篇個述）。

七、畫線、註記、貼重點、延伸查閱……，這不是步驟，而是閱讀時要做的事。書是用來讀的，無須愛惜，畫重點、寫感想註記，並用貼紙標示重要頁次，隨時可重新翻閱。通常一本書我都會黏上十幾個標籤，如果貼紙不多，就是此書收穫不大。

經過這七個步驟，大概需要一到三天的時間，視其厚度、重要性及理解的難度而定。這種讀書法確保我每讀必有收穫，每讀必有成長，讀書有所得比數量多重要。

後記：

❶這七步驟讀書法，只是初步理解書中內涵，一般的書透過這七個步驟即可；

但如遇到經典，就要更加深入反覆閱讀。

❷ 用貼紙標示重點，必不可少；書中知識當要用時，常要回溯閱讀，不標示常要翻遍全書而不可得。

❸ 這樣的閱讀方法，其實有學理依據：美國心理學教授羅賓遜（F. P. Robinson）設計一套名為「SQ3R」的讀書法，將學習分為五步驟：一、快覽（Survey），二、提問（Question），三、閱讀（Read），四、背誦（Recite），五、反覆複習（Review）。這種讀書法曾在高中及大學中推廣，成效明顯。而本篇閱讀一本書的方法，與SQ3R相類似。

9 一種徹悟，幾項重點——閱讀強迫學習法

看書雖已設置目的，但閱讀時難免忘記，所以需要「強迫學習法」，迫使自己一定要學到一些可用的內容。

我強迫自己每讀一本書，都要有「一種徹悟」，得到「幾項重點」值得吸收的內容。

讀書絕對開卷有益，但要確保有所獲、有所得，還要有吸收知識的方法。年輕時讀書欠缺方法，只知讀書，自覺有所成長，但真正有用、能用者不多。後來我下定決心，讀書要有更高的目的性，要求每讀一本書必定要有所獲，自己摸索出了「一種徹悟，幾項重點」的學習指標。

我強行要求自己每讀一本書，都要找到書中內容對我的啟發、徹悟。不論是觀念、想法、態度，或者案例、故事，讀完之後，只要讓我眼睛一亮，茅塞頓開或大徹大悟，這就是「一種徹悟」；一本書只要有一個啟發，就已足夠。

這種屬於「徹悟」型的知識，通常我會一輩子不斷重複運用。例如：我在閱讀統計學入門的書時，當時是為了了解民意測驗所需要的方法、步驟及相關的理論，無意中讀到「常態分配」與「鐘形曲線」，這個說法我在大學所上的統計學課中，老師已經教過，只是當時沒有感覺，可是在我自修實用統計入門書時，卻感受深刻。因為任何的統計似乎都離不開常態分配，從此任何有關的統計分析，我都用鐘形曲線來思考。這在做消費者及市場分析時，尤其有用。

鐘形曲線在我讀高科技產業的經典著作：《龍捲風暴》（*Inside the Tornado*）、《跨越鴻溝》（*Crossing the Chasm*）等書時，其中的新產品被市場接受的分析圖表，更是最經典的運用。其中的早期嘗鮮使用者，到跨越鴻溝，到早期大眾、晚期大眾等觀念，更強化了我對鐘形曲線的理解。

我可以說，常態分配及鐘形曲線，是每一個職場工作者都必須徹悟，並且嫻熟使用的知識。

不過這種「徹悟」型的知識並不多見，也不是每一本書都可讀到。如果不能有「徹悟」，我會要求所讀的每一本書都可以得到一些值得記住的「重點」。

重點的形式不一而足：可以是一句經典名言，可以是一個專有名詞，可以是一個定律，也可以是故事、圖表……，任何我未來可運用的知識，都可以是重點。

重點並不難發現，只要在讀書時對那個知識有感覺，覺得可運用，或者已立即感到舉一反三，這都可以是重點。

只要遇到重點，我會立即拿筆畫線、註記。後來覺得畫線、註記還不夠，因為日後查閱時仍很困難，就進階為用便利貼，標出那一頁。通常一本書不會超過十個重點，也就是會有十頁便利貼，查找十分方便。

自從我發明「一種徹悟，幾項重點」的閱讀學習法之後，我學習快速進步，知識的累積也十分明顯，這是十分有效的閱讀方法。

後記：

❶不見得每本書都有徹悟，因為徹悟通常是最重大的基本道理或發現，但是我常會在書中重新驗證過去已學會的「徹悟」，這是深化徹悟的理解，也是另一種學習。

❷如果在一本書中找不到徹悟和重點，這就是一本不值得的書。

10

立即活用勤練習

書讀過之後，不論閱讀時如何印象深刻，日子久了，就會遺忘，要避免遺忘，最好的方法，就是把書中的道理實際運用出來。

要實際運用，最好在閱讀時，就已經想透如何運用，然後擇機使用。使用的目的是要造成閱讀者行為的轉變，這才是真正的學習。

書是用來活用的，不只是用來讀的。我每讀一本書，一定要從書中找到可以活用的觀點，來啟發我的思考，改變我的行為。

讀《學習型組織》這本書，我就借用書中的學習型組織的觀點，演化成「學習型人格」，用來檢視自己是不是一個學習型的人。經過這樣的推演，我更深刻理解學習型組織的內涵。

我讀大前研一的經典著作《新．企業參謀》，我就把書中提到各種財務指標ROA（總資產報酬率）、ROS（純益率）、ROCE（資本運用報酬率），再徹底理解一遍，並用自己公司為例，再做一次試算。經過這樣的演算，我對公司的體質有了更深的理解。

我看一本心理學的書《背叛》，其中談到動物遇險時的三種本能反應：作戰、逃跑、僵住不動，我就想起獵人夜間狩獵時，會用強光照射獵物，牠們就會驚嚇癱瘓，而束手就擒。延伸到自己遭遇困難時，最後絕不可也驚嚇不動，失望性自我放棄。

我讀到老子《道德經》中：五色令人目盲，五音令人耳聾，五味令人口爽，馳騁畋獵，令人心發狂、難得之貨，令人行妨。我就想到要戒絕自己過度的欲望，嘗試修鍊自己的言行。

只要經過這種「立即活用勤練習」的過程，每一本書都不會白讀，而且都會印象深刻。

在此之前，我讀書只在增進知識，每次讀書都會對書中深奧的學識折服，努力囫圇吞棗，恨不得把所有的知識都記下來；可是日子久了，讀的知識也就淡忘，似乎對我的改變沒有太大的助益。

後來我發覺，所有的學習不只在增進知識，更重要的是要造成行為的改變，進而提升自己的技能，改善自己所處的情境。

從此之後，我的讀書學習更強調轉化、活用，在閱讀的當刻就嘗試轉化到實際生活、現實世界的印證，如果能找到案例，我就為已知的事實找到理論基礎，這時刻那種豁然開朗的頓悟，是閱讀中最大的快感。

不只是在閱讀中印證，更重要的是在閱讀後，把書中的知識活用在現實生活與工作中。如果可能，我會訂下新的工作及生活行為準則，嘗試讓自己的行為改變，這才真正達到看書學習的目的。

「立即活用」需要不斷的練習，剛開始可能還只是讀書，但經過幾次的強迫思考、活用之後，會慢慢養成好的學習習慣。

後記：

❶屬於理論的書，其活用通常是思想的頓悟，對已知的事實，找到學理的基礎，以知其所以然。

❷實用的「How To」的書籍，其立即活用就非常容易完成，甚至全書都可「Step by Step」。

11 辨識前提，化解矛盾

書的內容互相牴觸、衝突，極為常見。看書學習有個重要的過程，就是消化、融合衝突，把這些知識變成自己一以貫之的邏輯。

要用邏輯思考，去辨識各種內容的前提、適用條件、位階，方能分辨衝突，化解矛盾。

我的第一本書《自慢》，強調每一個人都要琢磨自己的拿手絕活，成就一種自慢的專業，這是每個人安身立命的方法。

後來我的出版社又出了一本書《π型人》，強調一個人最好要有兩種專長，就像π有兩腳立足一般。

有一位讀者留言給我：這兩種說法不是明顯衝突嗎？

類似的疑惑在自學閱讀時，常會出現，許多書的內容互相矛盾，至於不完全相容更所在多有。在看書自學時如何自處呢？

理論上每一本書都是一以貫之，各自針對一個主題，徹底而周延的陳述，不至於自相矛盾；但是在同類型的不同書中，每個作者各有其說理基礎，對同一個命題就難免有落差，甚至矛盾。讀者如果不能消化其道理、融會貫通，自然會有所疑惑，甚至因而誤用，產生遺害。

以自慢與π型人為例，這兩者並不衝突，兩者都強調培養專業，但後者認為只有一種專業並不足夠，要再有第二專長，才能在競爭激烈的職場勝出。後者是前者的延伸論述，能辨認順序，就無疑惑。

每一種知識領域都不斷演化，會不斷深化，也不時反思，如果知道其理論點的假設前提與適用的情境，就不難化解其中的矛盾。

再以管理學為例，一度策略理論當道，任何經營問題都與策略有關，後來有一本書《執行力》，也大受認同，這兩種間有矛盾嗎？

當然沒有，兩種理論適用的情境不同：策略談的是做對的事，執行力談的是把對的事做對、做好，兩者不相衝突且互補。這就是我們在看書自學時，必須仔細消化分辨的事。對慣於讀書自學的人，這種消化理解的能力絕對必須學會，否則不如不學。

看書自學除了接受吸收外，更要思考，更要有疑，更要觸類旁通、交叉比對；尤其對其中彼此不相容，甚至矛盾的部分，一定要重新檢驗思考，分辨不同說法間的前提假設、適用情境、前因後果、位階順序，然後將不同的理論轉化為每一個人可適用的方式。如果對書中的矛盾之處無法理解貫通，這時絕不可將兩種理論皆存在腦中，這樣一定會有誤用、錯用的可能。正確的做法是找真正的行家解疑，務必要化解心中的矛盾，才能避免受害。

當然也有可能是兩種論點確實衝突，以最近各種自然療法的健康觀念盛行為例，有人說素食好，有人說不可缺動物蛋白質，其中確有歧異，這時學習者就要依自己的理解，選擇自己的最佳解，揚棄其一不可避免。

看書自學必須真正看懂貫通，不可一知半解，更不可無疑照單全收，尤其要注意其中的互斥、不相容、矛盾，運用及訓練思辨能力不可不慎。

後記：

❶讀書不可照單全收，要仔細過濾。

❷書不能盡信，因每個人都可能有盲點。

12

窮本溯源追原典——如何使用網路這本書

網路徹底改變了媒體、內容及學習的生態。網路是一本超級學習大書，任何知識都可在其中找到，學習者一定要學會使用網路。

不過網路學習還未臻成熟，使用者仍需要適應、學習。

上個世紀末，網路橫空出世，改變了世界，也改變了每一個人的生活。網路有各種功能，每個人的使用方式也不一樣。對我而言，網路就是一本萬用全書，任何問題，我都會從網路找到最基本的答案，然後再從網路上延伸到最精確的解答，所以網路就是一項新生而高效率的學習工具。

網路的學習通常從搜集開始，一個關鍵字就會指向無窮可能，就算找不到絕對正確的解答，但也會指引出可能進一步探索的方向。只不過對這一個新生的工具，我們都還在學習適應中。

只是做為學習工具，網路仍有許多缺陷，也有許多陷阱，使用時不可不慎。

網路最大的缺陷是「正確性」。透過搜尋而來的答案數量龐大，但真正可用的不多。而在可用的訊息中，又充斥了轉述、模仿、偽作，所以在使用時，首先要進行嚴格的求證，才不至於引喻失義、錯用、誤用。

「窮本溯源追原典」是我使用網路學習的最基本的態度。面對搜尋結果，我首先尋找的是可信賴的原典。原典很容易辨認，經典原文、可信賴的書、有信譽的機構提供的內容，都是可信賴的原典，如果是原典，就可以使用。

如果沒有可信賴的原典可使用，其次我會嘗試第一手的著作。網路世界有各種能人異士、專家達人，分別就其專業及專長的領域，各自創作、分享，這種第一手的創作，也比較可以信賴。通常我都會找到他們最原始的創作網頁，了解他們的背景以及專長領域，再看看他們的相關文章，這樣通常可以得到初步可信賴度的判準。

如果還無法確定，我會再上網搜尋這個人，看看是否有其他的背景資料可供參考。內容是由人所創作，而人的背景又決定其論述內涵是否可信。

如果內容的創作者不明，背景不可考，就算其內容具有說服力，我也僅供參考，不敢引用。

至於當下最流行的社群平台——臉書之類，如果我不能確定對象是真人、本人，我更不屑一顧，因為轉貼及偽作，都不能信賴。

而維基百科基本上雖可信賴，但也要仔細檢查其內容的深度與廣度，必要時還要循線索追溯原典才可靠。

還有一些知名學術機構、學校、研究機構，他們的官方網站應可信賴。知名的品牌媒體所提供的內容，也有一定的可靠度，如果是付費使用，那就更值得信賴。

只不過我也常搜遍網路之後，還是無法得到最完整的正確解答，不得已只好回到實體世界的圖書，畢竟付費購買的圖書，還是我們最熟悉的知識來源。

聰明謹慎的學習者，才能有效的使用網路學習；而「窮本溯源」的過程又不可少。

後記：

❶現在的網路還在建構中，許多真正質化的內容尚未上網，所以許多知識還要求助於紙書。

❷搜集是網路學習最大的優勢，但搜集是指引的路標，不是最後的目的。

第三章　工作中學習——一生的改變從此開啟

學習通常由學校的體制學習啟蒙，但這只是序幕，人生真正的學習大戲在工作、在職場，一切不可思議的改變從工作開啟。

「三十而立，四十而不惑」，代表了人有思想，能獨立思考，要為自己負責。而二十歲是成年的轉捩點，正從學習場域轉入工作場域，人生的命運也在此決定。

工作中的學習半被動加全自主，被動是組織會要求你去做不會做的事，會被逼著學新能力。全自主是自己要認同學習，除了配合組織的需要之外，還要主動去學習目前不需要，但未來可能需要的能力。

工作中的學習，始於足下，通往不可思議的境界，余湘的故事見證無限可能。

學習要有動機，動機來自願意多做事，要問：「What else can I do & can I learn.」

工作中會面臨各種不可能的挑戰，要盲目做決定，要承諾做不到的事，要和不易轉變的環境奮戰，這些都要學習。

人際往來也是重要的學習課，從自己的處理方式，借鏡別人的圓融方式，只要謙虛，就能學到別人的方法。

組織的規則也要學習，紀律是最重要的工作法則，就算面對自己不認同的指令，也不可陽奉陰違。

組織內充斥了各式各樣的生態環境，也有各種不同的異類，「江湖人」是組織中必然存在的元素，不可不知，不可不辨，不可不會應對，這也要學習。

組織是是非分明的地方，凡事重邏輯，講合理，但也會有不合理的一面，當遇到險惡的環境，當要挑戰高目標時，合理性都要暫時忘記。如何面對不合理，如何學會做不合理的決定，也要學習。

工作中每天都會出現新生事物，人類社會也與時俱進，組織要適應、轉型，工作者則要學習調整，沒有人可自外於環境變化；臉書這種網路社群，考驗了每個人的學習能力。

1 學習改變一生

第一份工作

職場是一個魔術箱，年輕的工作者進入之後，十年、二十年，你無法猜測會變身成什麼：經理？副總？執行長？還是只是小職員？期間的差異就只是學習……，學習又關乎態度。

台灣廣告界的天王級人物余湘小姐，這一生她只應徵過一次工作，那就是第一份工作——總機小妹，從此之後，所有的工作都是自己找上門，她就這樣成就一生。

她回憶總機小妹的工作，除了接電話、接待客人之外，還需要做剪報，過濾當天的新聞，把和公司有關的新聞剪下來，做成檔案，分送給相關主管使用。余湘手腳俐落，總是在中午前就做好，而前一任總機總要到快下班才能完成；她一上任，就讓所有主管印象深刻。

余湘的特殊還不只於此，在接電話的過程中，她還能辨認所有常來電的客戶聲音，並且在第一時間叫出名字，熱忱招呼，也讓外部的人對余湘都印象深刻，人人都知道公司來了一位超級總機小姐。

接下來，財務部缺人，余湘就被爭取到財務部；業務部缺人，余湘就被調任業務部，一個廣告界的天王級人物，就此出現。

余湘的故事，和現在社會的現況格格不入。多少年輕人抱怨找不到工作；更多年輕人抱怨薪水低，有志難伸；還有人困在現有的工作中，看不到明天而怨氣沖天。或許這些年輕人都應該聽聽余湘的故事，看看余湘的書。

余湘其實提供了自我救贖的答案：第一個工作，不是永遠的工作，只要肯學，一生的工作成就從此開始。

余湘因緣際會以近乎工讀生的形式成為總機小妹，但她並沒有因此而不重視這份工作，她還是一本初衷的全力以赴，結果就變成最傑出、最被認同的小妹，進而所有的機會之門都為她開啟。

余湘不挑工作；所以她很容易找到第一個工作。現代年輕人為何不容易找到第一個工作？因為挑工作。為何挑工作？因為以為第一份工作會做很久，甚至是永遠的工作，所以當然要精挑細選。

許多年輕人因為挑工作，不願屈就，因此失業許多年；失業久了，志氣消磨，從此很難重回職場。

在目前不景氣的時代，確實是機會少，好的工作更少。因此不挑工作，是找到第一份工作的祕訣。

成就自己的第二步，就是全力以赴，用心去體會、學習、投入第一份工作，即使這份工作是臨時性質，也不要輕忽。

余湘就是這樣，總機小妹是個不起眼的工作，但余湘並沒有看不起自己，她認真全力以赴，讓自己變成一個超級總機小妹，讓自己變成全公司及所有往來客戶都認識且眼睛一亮的人。總機小妹不是一份工作，而是一個展現自己能力及熱忱的舞台，在這個舞台上全力表現，開啟了余湘豐富多彩的人生。

所有的年輕人無法自外於不景氣，但絕對可以努力學習自我救贖，從第一份工作開始吧！

後記：

❶余湘的故事典型而勵志，描述一個起步時能力一般的工作者，如何不斷改變，透過學習而成就自我。

❷余湘把每個工作，都做得和其他人不一樣——不一樣的方法、不一樣的成果；而她自己也得到不一樣的機會。

❸自己想，自己學，自己要有超乎常人的標準。

2 學習的動機 What else can I do?

工作中如何做出不一樣的成果？如果常常問自己：「What else can I do?」這種「多一分」的思考，驅動工作者多做一些，也驅動工作者多學一些。

我的團隊中有無數年輕的工作者，會自動在我眼前浮現。

一個櫃台總機，她不只接電話幹練靈巧，總是三言兩語就能精準完成轉接，對每一個經過櫃台的人她還會熱情的招呼，帶給大家快樂陽光的氣氛。對來訪的客人，她也從不遺漏，絕不會讓客人久等。雖然這麼忙碌，她的桌邊永遠藏著一本英語會話讀本，雖然她刻意隱藏，但躲不過我的眼睛，她有空時，常在默念。

一個版權人員，他除了正常的轉寄所有版權信息之外，還常常針對他看好的書籍，提供深度的分析報告。如果這本書沒有任何團隊有興趣出版，他還會主動說服，總之，他不只是一個中性的訊息服務者，他對書有情感、有熱度，是一個愛書人。

公司的法務人員，通常被動的提供相關的法律諮詢，對各單位的業務介入不多，也缺乏了解。有一個年輕的法務人員，對網路世界特別有興趣，他自己也玩電腦，從不放過任何網站新生事務，尤其對公司內的網路相關事業單位極為關心，時常提供各種建議。最後他加入了公司內的網路部門，成為網路行家。

這些人都自動成為我眼中亮眼的潛力明星，雖然他們的層級離我很遠，但他們工作的熱度，讓我也能感受。公司中有任何機會，他們都是我優先會想起來的人，許多人也因而在內部得到極佳的升遷。

這些人都有一個特點：他們都不只做原有分內的工作。因為如果只是把分內的工作做好，這種稱職的工作者，在我的組織內太多了，只是最基本的工作要求，並不足以引起我的注目。

他們通常會在原有的工作領域中，找到不一樣的工作方法，尋求不一樣的工作結果。他們更會在相關的工作中，尋找原本非他負責的事，或者原本是三不管的工作，努力去做好。

這些人多做一些、多走一步，讓他在原有的工作職位上，快速變成亮眼的明星。

有一次我問其中一個潛力明星，為什麼會這樣？他回答：「我沒有特殊能力，我只能靠努力，我努力讓自己比同事更好一些。我的方法是，不斷問自己：『我還能多做些什麼？』在我原本分內的工作做好之後，我就會找一些事多做一些。」

好一句「我還能多做些什麼？」這隱藏了年輕人自我學習成長的祕訣。想多做，就要多學，「What else can I do」改變了工作態度，提升了工作能力，也增進了工作成果，一切都因而改變。

每天問自己：「What else can I do」吧！

後記：

❶「What else can I do」只是第一層思考，真正的改變在之後，為了多做，只好多學，第二個問題是「What else can I learn」，就會啟動自我學習。

❷法務人員變身網路程式人員，就是這樣的故事，當有人全力學習時，即使完全不相干的專業，也可學習。

❸態度啟動學習，興趣加速學習。

3 學習盲目做決定
分析訊息背後的訊息

工作中每天都會面對不會的事，要學習、摸索，用方法逐步克服，其中盲目做決定是最大的考驗之一。當我們對未來無所知，卻被逼著預想未來，而且被迫下個決定時……

剛成立一家新公司，從事一項台灣還沒有人做成過的生意。我要求負責的主管做出下半年逐月的財務預算，讓我進一步確認。

這位主管面有難色，因為在進行可行性分析時，此專案已做過三年的財務預算，才確定執行。而現在公司剛設立，一切未定，要做出精準的逐月財務預算，他認為這是盲目的假設，就算做出來，與實際執行的落差也很大。

我認同這件事是困難的，也認同這是近乎盲目的假設，但我還是堅持一定要做，而且要盡可能找到精準，讓預算與實際差異極小化。

人生永遠要在盲目中做決定。一個老公事業成功、家庭幸福，妻子被問到當時如何抓到這麼好的先生時，她回答「矇的。」朋友不相信，一再追問，她說：「當時只覺得先生出生貧苦家庭，老實而單純，雖然條件不佳，但過個安穩的小日子應可能。」

這就是盲目做決定的典型，人永遠要在當下預測不可知的未來，然後做一個不易後悔的決定。所以學會在盲目中做決定，是每個人必須學會的基本能力。

我提供了這位主管四句口訣，讓他照表操課：

掌握重點看長遠，
精算已知測未知，
展開細節與步驟，
大膽決定放手做。

這四句口訣是我長期的體認與歸納，任何需要盲目做決定的事，一定訊息不足、不明，缺乏參考樣本，且離現在很遠；所以做決定時，看不到具體的事實，只能掌握重點、看長遠。

以選另一半為例，重點一定、絕對不是外貌與財富，因為美色會老去，財富會耗盡，老實、可靠、努力認真才是長遠的重點。

其次，盲目絕對不是都不可知，一定有一些訊息是明確的，這時候要把已知的訊息分析到透徹，進一步推測未知的部分，讓未知極小化，讓已知極大化。

這是盲目決策中關鍵性的一步，訊息有表面訊息，有隱藏訊息，有延伸訊息，這些「訊息背後的訊息」，如果不深度徹底解讀，不容易理解；其實許多的未知，都隱藏與延伸在這些訊息中。

再來就要進入決策的計畫與實施階段。設想可能的工作細節，由大到小排列，大的工作項目要盡可能拆解為細項，因為細項才容易控管追蹤。展開所有工作細項之後，再依其順序決定步驟，變成合理的工作計畫。

到這個階段，就可套入財務與人員編組，人錢俱備，就不再是盲目的決定了。

經過前三個步驟，通常就可以做決定了，也就該放手一搏，大膽去做。

可是也有許多人在不得不做了盲目的決定後，仍然擔心害怕、瞻前顧後，一步一徘徊。這種情況下，就算決定是正確的，最後也不會有好的結果。

盲目是必然的，知道如何面對盲目，盲目就不可怕，就可管理。

後記：

❶面對新事物，誰也不知將如何演變，可是仔細分析，其實未必全然無知：許多基本道理是不變的，許多原理原則是不變的；目前狀況是已知的，我們的團隊成員、工作習性是已知的，這些都可提供未知的判斷。

❷睜眼我們很習慣，但閉眼之後，就不知如何做事；學會閉著眼也能做事，能力就不一樣了。

4 學習改變人際關係

謝謝你的大力協助！

我以為對方會不高興，但對方卻沒有不悅，反而感激我、謝謝我，這是怎麼回事……

一個故事讓我反思待人處世的態度，也讓我學習更圓熟的人際關係。

一個朋友邀請我參加一個公益活動的聚會，因為這個活動的主題，並非我關心的話題，再加上當時我的工作繁忙，所以活動當天我就藉故缺席了。後來我在一個公開場合，又遇到這位朋友，我正在想要找什麼理由，向他說明當天缺席的理由，沒想到他卻先開口了：「感謝你的大力支持，我們那天的活動辦得很好！」臉上還帶著滿是感激的表情。「我什麼事也沒做，那天我也正好有事沒能參與。」「別這樣說，我知道你心中對這個活動是認同的，未來還有機會，期待你能多參與。」他的熱情與鍥而不捨，讓我不得不參與他們的活動。

在這個事件中，我見識了正向與感激的力量，這也變成我日後謹守的原則，當然也使我在工作中得到更多的幫助。

人生難免有求於人，需要向人開口，尋求協助；如果別人願意幫忙，當然是好事，只不過並非事事順利，為此我曾糾結難過，也因而犯了不少錯誤。

如果別人嚴詞拒絕，我反而不會難過，因為求人幫忙，本來就勉強不得，每個人想法不同、立場各異，別人幫忙代表友情與善意，幫不上忙也是常情常理。只是，許多人並不會明確拒絕，而留給我無限想像空間。

有一次我找一位朋友幫忙，這位朋友我曾幫過他許多忙，而那件事是他能力範圍內的事，他也表現了相當的善意，讓我對他產生高度的期待。可是事與願違，他並沒有真的給我協助，而且沒有給我進一步的回應，只是讓時間來解決問題。

我十分生氣，帶著怒意追問他為什麼不照會我一聲，讓我有所準備？對方覺得沒面子，當然也就沒有好口氣，不歡而散，結果不但沒能得到這位朋友的幫忙，還為此失去了一位朋友。

這是最極端的案例，之後我學乖了，遇到這種狀況，我絕口不提，以免重蹈覆轍；但是心中難免有所芥蒂，雙方都有話沒說出口，因此日後的相處，也並不愉快。

一直到前面這件事發生，我終於找到最佳答案，不論別人有沒有幫上忙，都要心存感激，大聲說謝謝就對了。我自己不就是在對方的感激與謝謝之下，才前去參與他們的活動？如果他像我一樣，他們肯定永遠不會得到我的參與和協助。

之後，我就用這種態度面對那些沒能幫助我的人，主動表示感謝，正面化解雙方的尷尬。事實證明成效良好，雖然未必都能讓對方回心轉意，給我協助，但最少會讓彼此互動更好，關係也更好。

其實這不是說服別人協助我們的手段，而是做人的基本道理。開口向人求助，別人就對我們有恩，至於是否真的幫了忙，則非所問，都是已經欠別人人情。所以感謝、感恩是當然的，這才是正確的態度。

後記：

❶ 我這位朋友是一位成功老練的生意人，他早已嘗盡人間百態，知道被拒絕是常事，如果因拒絕而生氣，那會沒完沒了；表示謝謝，只是開啟下一次再開口的大門。

❷ 每做一件事都可檢討下次如何改進，觀察別人的反應，也可學習改進。

5 學習如何正確做承諾

我心中有譜嗎？

如果我們必須做出承諾，心中卻沒把握做到，我們該怎麼辦？可是許多人都會倉促做出承諾，不顧自己是否能做到，反正到時候再面對，再應對，先過了這一關再說。這是正確做法嗎？

我每天都面臨各種承諾。在私領域，對家庭、對親人、對朋友，我常要做出各種承諾，只要承諾，我都必須全力以赴去完成，如果做不到，就是失信於人；每個人都不想做一個沒有信用的人。

在工作上，每天我要對同事的詢問，提出回答，必要時也會承諾；每月、每季、每年，我要對未來的目標提出計畫，對營運成果提出承諾。對外、對其他公司，我也必須在相互合作基礎上，向對方提出必要的承諾。面對外在的邀約、聚會、演講，我也必須承諾。

承諾，每天都在發生，也都在考驗每個人的能力、每個人的誠意，和每個人的信用。我不敢說我的信用重於生命，但我是努力的在維護我自己僅有的一點聲譽。

因為如此，我越來越怕承諾。對我所擔任的職務、角色，就已經有許多無可逃避的責任，每個責任都代表承諾，這些承諾已經壓得我喘不過氣，因此，在工作之外，我不敢做出新增的承諾。

我小心守護個人一點信用的方法，除了不敢承諾、減少承諾、小心承諾之外，我無時無刻不在問自己一個問題：我心中有譜嗎？

心中有譜是極困難的過程，有譜的意思是我心中有把握，我能預測未來的結果，我知道事情會如何發生；唯我心中有譜，我才敢做出承諾。

如果是個人的承諾，心中有譜比較容易完成，因為我只要考慮我自己，我最清楚自己的情況、力量，只要我自己有譜，承諾就可確保完成。

可是我大多數的承諾，是代表組織、團隊、公司，這「心中有譜」就有極大的變數。

首先，我必須非常理解團隊的狀況，仔細分析團隊的力量有多大，也要充分掌握團隊中的組織氛圍及大多數人的心理變化。

因為要完成一個承諾，牽涉到團隊有沒有能力，牽涉到團隊願不願意，也牽涉到能不能如期準時完成，所以「心中有沒有譜」另一個相同的解答是：我對「團隊的狀況有沒有譜」，因此我也無時無刻不在盤點團隊的狀況，這包括外顯的資源、能力，以及內心的情境。

只不過，我發現大多數人在承諾之前，心中並沒有譜；我更發現大多數的企業經營者、領導者，對自己的團隊也沒有譜，可是還是每天在做出各種承諾。

後記：

❶許多完成不了的承諾，只是為了度過眼前的難關，不願在當下陷入僵局，把問題延到未來。

❷一位主管年底時未完成業績目標，很無辜的說：「去年訂目標時，我就說我做不到，是公司逼我承諾這個業績的。」這是辦公室中常見的場景。

❸在承諾之前，一定要對自己、對環境、對團隊、對所有要素「心中有譜」，才可做出承諾。

6

學習適應艱困環境

沒有良方，只有苦藥

困境是工作中的常態，學會適應困難的環境是必備的能力。脫離困境有許多方法，每個人都期待立即解、迅速解，但是如果不能呢？

派駐在大陸工作的同事，常會遇到各種千奇百怪的事，大多數他們都承擔了，但有些他們也找不到答案，偶爾會尋求我的建議。

人事與跳槽是他們最近遇到的問題。大陸媒體方興未艾，機會很多，人才奇缺，挖角也飢不擇食，員工動輒要求加薪，否則就跳槽，人事老在動盪中；他們問我有無良方？

我回答他們：沒有良方，只有苦藥。

我們在大陸是個小公司，只有小團隊，台灣的光環無法照映大陸，品牌、產品、薪資都無法和大陸有規模的同業相比；再加上大陸人浮於事，缺乏工作倫理，當然只有替別人培訓人才，不斷被挖角。這是所有小公司的宿命，哪有良方可解？

我跟他們講了《商業周刊》草創時的故事。我不喜歡用馬路上揀回來的人才，而是喜歡一張白紙，從頭訓練。早期《商業周刊》培養了許多好人才，但也常被大媒體挖角，狀況和現在大陸的情境相似。

我沒有有效的方法，我只能慢慢的從最基本做起。

本來訓練新人需要一年到一年半，才能教得徹底而仔細，但通常在一年之後就遭遇挖角，我完全享受不到他們成熟的戰力，我決定改變方法。

我把訓練期縮短為六個月，但任用時就要求簽訂工作兩年的合約，這樣我就可以享受一年半他們熟練的工作成果。

這其實是一劑苦藥，因為解法緩慢、無速效，但真的有用。只是過程痛苦不堪，折磨工作者的心智，也考驗我的決心。

小公司、新公司的宿命是用不到好用、成熟的人才，只好自己長期培訓人才，可也常淪為為人作嫁、楚才晉用的結果。

加薪或許可以解決部分人才流失的問題，但小公司的加薪絕對趕不上大公司的幅度，至於品牌、相關福利，那就更無法競爭。因此這只是短期的立即解、表象的現象解，而真正的答案、真正的根本解，我在《商業周刊》初期的做法或許是可能的方向。

當我決定用長期的訓練尋求解決之後，我的心情平靜了，我不再和離職者生氣，我不再痛恨挖角的同業，因為這就是競爭的現實，這就是市場的規則。我反而更能專注在團隊上，專注在訓練、在工作上。

我把培訓的新人分為兩類：一類是才氣過人、心思複雜的一般人；一類是資質中上，但個性穩定的可期待人才。前者放牛吃草，自動學習；但後者則花心思重點培訓，嘗試建立師徒式的個人情誼。

才氣過人者，時間一到，通常就另謀高就。可是經過我用心帶領的人，通常過了合約期，還可能繼續留下來，因為那已超越了一般的同事關係，成為長期夥伴。

當我把立即的人才流失問題，看成是長期的結構困難，用長期的笨方法來解決之後，《商業周刊》終能穩定下來。

許多事沒有良方，只有苦藥，要有耐性。

後記：

❶短期表面的困難容易解決，但長期結構面的困難，就不易解決；遭遇困難先分辨是否是結構或長期的困難。

❷結構面的困難，就不能急切，要有耐性，要期待活久一點，才能等到環境改變。

❸長期結構的困難，除了自己的努力外，還需要外界因素配合，故只能苦藥慢慢吃。

7

學習紀律，學習服從

汝無面從，退有後言

面對自己不認同的指令，怎麼辦？抵死反對、抗命？陽奉陰違？放棄自己的想法去執行？

不論哪一種，都要謀定而後動，但要遵守組織最基本的規則：紀律。

辦雜誌、做出版，最重視就是時間，準時截稿、準時出書是無限上綱，誰都不可以違背。因此我一向要求時間第一，無論如何要準時。

但有些主管還有質疑：如果內容品質不好，也可以為了準時，閉著眼睛出書嗎？我的回答是：何謂品質不好？是低於六十分的最低及格標準嗎？那當然不行，但只要在六十分以上，都要以準時為第一優先。因為雜誌每期都要出，準時之後，就可以徐圖進取，逐漸進步。

這是我辦雜誌的原則，用系統化尋求最低品質（六十分以上），準時出書，再逐步雕琢內容，提升讀者滿意度。

可是永遠有主管會有不同的想法。一位年輕的主管經常以品質為由，拖延出書，我雖愛才，但此事觸犯我的經營底線，我不得不開鍘處罰。

沒想到我事後聽到的說法是：此位主管竟甘之如飴，「要我犧牲品質，達成準時出書，我做不到！」一副我不入地獄，誰入地獄的態度。

我忍住脾氣，找來這位年輕主管，告訴他在態度上犯了全天下老闆都不可原諒的錯誤，這種錯誤叫：「汝無面從，退有後言。」

這八個字出於《尚書》，意思是：你表面順從答應，但卻背後進行非議。而這位年輕主管錯誤更重，因為不只是背後非議，更採取完全不同的做法。

我告訴他，我可以容許公開討論，不一定要按照我的意思做，但是如果沒有不同的意見，那就要徹底執行。如果一時無法執行，也要限期改善，絕對不可以在背後有不同的說法、不同的做法，這不但違背職場工作倫理，對公司、對老闆，更是一種形式的「背叛」。

說「背叛」太嚴重，但對我而言，這確實是我認定的「背叛」。

公開、透明、民主是我一向信仰的組織精神，不只是公司政策，就算是我的指令，我也都允許討論，讓大家有公開表示意見的機會，達成共識後，才能有效推動。

就算有些事無法讓所有人都同意，我也會盡可能尋求反對者的諒解，期望不要用威權迫使大家遵守，可是一旦做成決議，就不能有任何模糊的空間。而一個工作者對老闆的指令，經討論後決定執行，就只能主動配合，絕不可表面順從，背後非議。

我把「背後非議」視為背叛，主要是因為表面的順從是不可原諒的誤導，有意見不說卻選擇靜默，不論任何原因都是不忠實的表現。當面表示反對，反對不成，事後消極配合，對這種員工，我都還能理解、諒解，因為他們至少表裡如一。

「汝無面從，退有後言」是職場中最不可原諒的錯誤，對不認同的指令，不積極執行就算了，絕不可在背後說反話。

後記：

❶組織不可違背的規則是紀律，大家要按規則做事，要信守承諾。

❷不同意見只能存在決策之前，就算衝突，也可討論，而且要充分討論並溝通。

❸可是一旦變成決策，變成指令，就不可陽奉陰違。

8 學習面對辦公室政治

辦公室中的江湖人

辦公室是一個光怪陸離的名利場，簡單正直的人不需要應付，會自動相處愉快；而複雜的江湖人除了必須試著了解，也要有方法面對。

辦公室中理應是最理性而是非分明的場域，但總有一些人不遵守遊戲規則。

我曾經遇過一個同事，是一個平行單位的主管，資歷比我還深，也很幹練，深受高階主管的倚重，他負責的工作又與我的部門有密切的合作關係。

剛開始合作時，他就先請我吃飯，搭著我的肩，告訴我：「一起工作，就是有緣，以後我們好好合作，就是兄弟了，有事我一定幫你。」

我很慶幸得到一個好夥伴，可是沒多久，就越覺他處理事務的方法很奇特。

任何與他有關的事，他都會說：「兄弟，你的事我一定幫你處理。」事實上這件事本來就是他該做的事。

他也是個非常聰明的人，任何事他都用最簡單省力的方法處理——就是把問題掩蓋起來，讓問題不要表面化。

當我發覺任何問題，需要他的部門改善時，通常他只處理表象，大事化小，小事化無；尤其是複雜的結構問題，他根本不想處理，只求掩飾，並且要我這個「兄弟」協助他掩飾。

起初，我當然盡可能配合他，可是後來發覺不行，因為問題一旦沒解決，就會持續發生，對我的工作會產生極大的影響。

後來，我不得不在公開的會議中反應此事，希望上級主管協助解決。沒想到他大怒，認為我不顧兄弟情誼，讓他為難，甚至放話要我小心些，以後大家走著瞧。

這種人就是典型的「辦公室裡的江湖人」，凡事思考關係、人情、親疏遠近，思考利益交換，不太在意是非黑白。

這種「江湖人」是辦公室中的麻煩人物，通常是老員工，十分油條，已經喪失解決問題的能力，只能靠公關、人情及辦公室中的矛盾存活。當我有機會成為高階主管時，辨識「江湖人」並掃除「江湖人」，成為我重要的課題。

「江湖人」並不難辨認，他們經常成群結派，援引自己人，互相掩護，因此當辦公室中有派系形成時，其中必有「江湖人」。我要求所有的主管，唯是非黑白是問，不能靠個人和下屬的人際關係做為工作上的依據，絕不可以「江湖事，江湖了」。

「江湖人」的存在，是辦公室沉淪的開始，如不能及時處理，辦公室中會充滿複雜的政治。

後記：

❶其實每個人都有或多或少的江湖個性，而江湖人也永遠不可能從職場滅絕。

❷只要職場中不要江湖人當道，聚集成風，都是職場常態。

❸面對江湖人，不可僵固，要柔軟，要堅持，也要妥協，只要不影響自己的工作就好。

9

學習蠻橫不講理
用不合理的要求挑戰不可能

每個人都自認合理，都自認講理，其實合的是自己的理，講的是自己的理，合不合別人的理，別人聽得下去聽不下去，並不知道。

雖然要比較客觀、超然的看待自己的「理」，可是工作中，也要有不講理的部分，那是主管為達成目標，為完成任務，必須會的能力，這也要學習。

一個朋友，在某家知名的集團企業工作，有一次對外談到一筆生意，他自認為得到非常有利的條件，肯定會獲得老闆的認同。沒想到，這位雄才大略的老闆卻把他罵了一頓，認為他沒得到公司想要的條件，要求他重談，並開出了非常嚴格的條件，要他談不成就別回來。

這個朋友非常生氣，認為老闆根本就是「蠻橫不講理」，可是沒辦法，也只好試試看。最後當然不可能談成，可是還是在原有的基礎上，得到一些優惠。

一個編輯，從其他的小公司轉任，談起他在這家小公司的經驗：老闆告訴他，公司很小，要他自力更生，無論如何每個月一定要出五本書，公司才能生存。當時這位編輯初入行，也不知這樣的要求合不合理，只能接受；他想盡各種方法去做，還真的達成了公司設定的要求。

我還認識一個大集團的部門高階主管，他是出了名的「蠻橫不講理」，只管發號施令、下達任務，要求部屬達成，不管指令合不合理。整個團隊叫苦連天，但也無可奈何，只能接受。可是在這樣的高壓管理下，這個不講理的主管也一直保持良好的業績。

這三個案例，對我而言都不可思議，與我的領導風格不合，我不會這樣做，也不敢這樣做。可是長久思考之後，我覺得我是錯的，我應該努力學習如何蠻橫不講理。

我的問題在於，我所有的指令，我一定思考其可行性，一定要確認其可行，而且我的團隊有把握執行，我才會要求部屬；否則這就是強人所難，也就是蠻橫不講理，而我自己過去又最討厭這種霸道的主管，因此我的指令一向合理。

可是合理可行的事，通常沒有太大的想像力，執行的難度不高，工作成果也就難以彰顯；再加上因為我的講理，工作過程中，如果遇到困難，部屬向我陳述請求寬限時間或降低目標時，我很容易諒解、接受，這當然導致工作成果打折扣，而團隊也因為我的「仁慈」，很容易從困難中解套，剝奪了他們挑戰危機、磨練心智的機會。

雖然我贏得了講理的聲名，可是某些程度一定犧牲了績效、拖延了時間，公司資源的使用，也相對沒效率。

我嘗試提出不合理的要求，也嘗試不聽部屬的訴苦，要他們「誓死」、限期且不打折扣的完成任務。適度的「蠻橫不講理」，對主管而言是必要的。

後記：

❶蠻橫的老闆，做事有速效，但積怨在未來，只要組織的成長趨緩，順境不再，問題就會爆發。

❷講理的老闆柔弱緩慢，但易得好評，可是如果沒有績效支持，就會是「阿斗」，追隨者都是酒囊飯袋的混混，有能者久了都會離去。

❸必要的不講理，是挑戰不可能的前提。

10 學習新事物

瘋狂學習上臉書

不是所有的新事物都要學習，但如果新事物已成為人類社會不可或缺的一部分，那麼，還想成長的人就不能不學習。

網路和社群媒體已改變人類社會，可以不用，但不能不會，不能不理解。

當社群媒體興起時，同事就告訴我，要親身體驗才趕得上時代。我心想，這是年輕人的事，我都幾歲了，哪需趕流行？

可是後來我改變主意，我上臉書了，而且我是瘋狂上臉書，努力成為一個認真而專業的臉書會員。因為，社群互動已成為現代生活的一部分，而我經營網路公司、經營媒體，怎可自外於現實世界。

臉書的初始設定是助理幫我做的，剛開始我想請助理代勞，但很快的我就改變主意，因為我決定不再霧裡看花，不再接受二手體驗。我開始自己上臉書，自己體會，自己與「臉盆」（臉書朋友）溝通，自此展開了一段奇異的社群互動旅程。

我立即發覺臉書中有複雜的學習必要，有臉書各種功能的使用方式，也有不成文的臉書互動規則；當然我也發覺臉書有巨大的功能，已成為現代社會不可或缺的一部分。為了學習，我全力投入，每天早起、睡前，是我長時間上臉書的時間；除此之外，一有空閒，我就上臉書。

在辦公室，我使用桌上型電腦，所有複雜的行為都在桌機上完成，這也讓我真正體會桌機、平板與智慧型手機的真正差異。

能用平板時，我用平板，因為有較佳的閱讀界面；在外移動時，我就用手機。我仔細的研究每一項臉書功能，甚至要求我的ＩＴ出版團隊出一本臉書全攻略，被同事取笑，他們說：「社群媒體就是有問題就問大家，你只要在臉書上求援，立即就有人回答你。」我想了也對，我為何還這麼不「臉書」呢？

雖然到目前為止，還有許多功能我尚不了解，但已絕對是臉書的重度使用者。

其中最大的收穫，就是我盡全力解讀臉書上的社群互動行為，仔細理解臉書對人類社會產生了什麼影響，當然最後、也最重要的是，這些影響對我個人、我的公司、我的工作、我的生意、我的社會、我的國家，甚至全世界人類可能產生的改變。

我有種發現新大陸的感覺，現實世界每一件事幾乎都因臉書而轉變中。我的發現也對我的工作產生極大的幫助。舉例而言，我發現臉書上有許多極龐大的粉絲團，我仔細研究他們成功的原因，除了分析他們的內容、經營方式、發文頻率、互動方法之外，我也約了許多位大團主，當面請益；我試圖找出成功經營粉絲團的方法，也試著讓這些發現與我的生意產生連結。

我的同事笑我：「你是不是都沒上班，整天在上臉書？」當然不是，但這是每一次我面對新生事物、面對一項新事物的學習態度，我希望用最短的時間、用最快的方法、用全部的心力去完成。而且我不只學表象，我還會解讀背後的道理，真正讓自己變成這方面專業的人。

後記：

❶ 社群媒體蓬勃發展，除了臉書之外，還有許多替代品：WhatsApp、Line、WeChat都可能是好工具，都應要了解。

❷ 臉書確實已成為有效的溝通和行銷工具，當我使用了之後，開啟了無限想像。

11

學習經營上的公私之辨

「真」公濟私，何樂不為

學習要永遠探索真相，現在正確，未必永遠正確，要不斷的重複思考，時時檢查辯證。

這就是一個不斷轉折的學習過程，真相與是非終於越來越明白，但誰知以後會不會改變？

出版業每年都要出國參加國外書展，而旅行社在規劃書展時，通常會附帶幾天的旅遊行程，似乎參加書展的公務也順道旅遊，是業界的常態。

只是我從不參加這種行程，參展是公務，旅遊是私事，公私如何混為一談呢？費用又如何切割呢？

因此，就算書展地點附近有再好的景點，我都不會多留幾天，順道完成私人旅遊。這是我堅持的公私分明，儘管同業、朋友說我矯情，我也不為所動。

直到有一次，一個我非常倚重的主管要出國參展，他同時送上年假申請，預備在書展完後，順道遊英國五天，這違反我的原則，當然不准。

這位主管找我溝通：「我可不可以休年假？」當然可以，因為他把工作都安排妥當，這段時間是工作中的空檔。「那我可不可以去英國玩？」當然可以，旅遊是他的自由。「那麼為何不准我的年假？」因為來回機票是公司付的，不可以公私不分。「我順道旅遊可省來回機票，那公私各付單程機票，公私都節省，不是很好嗎？」

這確實是公私兩利的事，我為何頑固不化呢？他說得在情在理，我不得不改變我的堅持。

可是當他要自付單程機票的費用時，我猶豫了：公司要不要省這個錢呢？省了這個錢，會不會有占員工便宜的嫌疑呢？由於他對公司貢獻卓著，我決定不收單程機票錢，由公司全額負擔。

這個案例讓我重新思考公私分明的界線，因為有些事是分不開的，可能的話，只要公司不增加費用，讓員工多一些方便、省一些錢，有何不可呢？

從此以後，公務之餘順便旅遊，變成我的「潛規則」。為何是「潛規則」，因為人資主管告訴我，公私分明還是不可動搖。明文規定可以公私兩便後，說不定會有主管為了私人旅遊而刻意安排非必要之公務，那就會變成假公濟私了。

我告訴所有權責主管，他們可以視當事人的工作表現，在不影響公務運作的狀況下，同意部屬可以公私兩便，讓員工省一點錢，就當作是給表現良好的員工的回饋吧！至於直接向我報告的權責主管，他們的公私兩便則要經過我的批准。

經過這樣的改變之後，大家都非常高興，我不再是那個堅持己見、不食人間煙火的酷吏，員工們也得到了一些好處。

我自己的說法是，公私分明不可絲毫背離，「假公濟私」更絕對不可，但是被管理、被仔細檢查的公私之間的灰色地帶，在真公之餘，若也能「濟私」，未嘗不是美事。

管理不是教條，也非一成不變，是非的絕對價值不可侵犯，但釐清灰色地帶，就有賴管理者的細心、檢討、思辨，才能比較圓滿。

後記：

❶管理是處理人的行為及組織的生態，沒有永恆正確，只有當下最好、最適；

隨著環境變遷，就必須調整，學習就變成與時俱進的改變能力。

❷工作與生活中常存在這種變動，學習不是學真理，而是學虛心、適應、重新找答案。

第四章　人生生活學——人生無處不學習

享受人生、享受當下是人生的最終境界。我們所有的學習、努力、成果、成就，都是在追逐快樂人生。

只是幸福言人人殊，快樂也各有選擇，享受人生也需要學習。

人生的學習無所不在：可以是自己的經驗，可以是自己的感慨，可以是別人的行為啟發；重點在自己能否自省，是否虛心。

人生的學習通常不是方法，是心性，是尋回初心，是轉念，是態度，是改變想法，然後改變行為；可能一輩子也學不會，可能也只是一念頓悟。

1 學習自省

告別「一根魚翅」

謙虛與自省是學習的關鍵元素，因謙虛而知所不足，而啟動學習，因自省而有反思，才能改變。

生活中的每一種行為都應重新不斷檢視，這是一個自省的案例。這是許多年的自省過程，雖然我們家不吃魚翅，不會阻止殺戮，但總要有開始，總要有人願反思。

我終於過了一個沒有魚翅的新年。

自從我的生活相對安定之後，我們家的冰箱就從不缺魚翅，每年過年前，我都會到迪化街備貨，香菇、鮑魚、魚皮、魚翅，總要把冰箱塞滿，那是半年的量，尤其是魚翅，那更是一種生活滿足的象徵。年初二的家族聚會，一大鍋魚翅，每人都可分到一碗，而佛跳牆中，更是滿滿的散翅，這讓我自己對童年那「一根魚翅」的記憶得到補償，也像對我一年工作辛勞的回報。

童年時尋覓「一根魚翅」的記憶太深刻了。那時餐桌上從不會有魚翅，魚翅是傳說中的昂貴食物，只有在大拜拜時，偶爾在一鍋「菜尾」（閩南語，意即未食完之剩菜）中，會幸運的找到一根像細針般的透明物，媽媽告訴我那是魚翅，是好東西，我也細細品嘗，雖然吃不出什麼味道，但感覺仍是好的、值得珍借，而「一根魚翅」的氣味，也深藏我心中。

因此當我負擔得起時，我用魚翅自我犒賞。特別辛苦時，老婆會熬上一小碗魚翅當早點；小女兒從美國回來，下飛機的第一餐也是一碗魚翅，女兒會說，魚翅夾在齒縫中的感覺真好，魚翅是我們家向窮苦告別的象徵。

許多年後，我決定告別魚翅，帶了一點贖罪的心情，為綠色環保盡一分心力。其實這種心情已存在許多年，但過去總覺得我不吃，並不會停止別人繼續殺戮，我們一家不吃有何用呢？所以又持續吃了幾年。

幾年前起我就感受到地球的反常、氣候的變遷，已非人類所能置身事外。一己雖小，但總要盡一分心力，我總共花了一年清空冰箱中的魚翅庫存，兩年之後才真正告別魚翅。

沒有魚翅的年夜飯，有比較缺乏嗎？沒有。有任何遺憾嗎？沒有。家人甚至完全沒有討論過魚翅的話題，這時候，我猛然發覺，因為有童年「一根魚翅」的經驗，我才覺得魚翅珍貴，我才感受魚翅的「美味」，其實那也並無特別好吃，只不過是一種心理補償而已。

現在回憶起魚翅的滋味，反而覺得那是一種罪惡，是人類危害地球的一種愚昧，自以為是的行為。我一個人不能改變什麼，我們一家人也不能改變什麼，但總要有開始。

就從我開始告別「一根魚翅」的滋味吧！

後記：

❶職位越高，成就越大，多了自以為是，少了謙虛的反思；年紀越大，反省越深刻。

❷不吃魚翅之後，我個人也盡可能素食，這又是另一個考驗。

2 學習放下

原諒別人，也放過自己

紅塵俗世中，少不了怒、怨、恨，也通常無法拔刀而起，快意恩仇，多只是變成心中放不下的情緒。

這是一個自我救贖、學習放下的案例，我決定原諒別人，因為我不想繼續折磨自己。

剛開始做出版時，是我人生中最辛苦的時候，為了挹注雜誌的虧損，我幾乎期待出版的每一本書，都要賺到錢。偏偏在這時，我用高價搶到一位作者，我預付了超過新台幣五十萬元，請他寫一本書，沒想到這位作者交了幾篇稿子，由於和我們的期待有相當差距，我們請他做修正，他勉強應付了一下，就從此不理，而公司負責的編輯，也未負起責任追蹤。日子久了，這件事變成我心中的痛，我恨這位作者不守信用，我更氣我的團隊，沒做好該做的事，讓公司蒙受損失。

這件事折磨了我許多年，剛開始是為錢痛心，因為那數十萬對一個風雨飄搖的公司，是個大數目。後來公司營運慢慢變好，那個數目逐漸變得不重要，可是我心中的恨、腦中的怒，並沒有降低，也沒有淡忘。

尤其這一位作者仍活躍在台灣，仍然以品味名流的身分成為媒體追捧的對象，不時在我的眼前出現，我每看到他一次，我就痛心一次，他變成我的夢魇。

而公司旗下雜誌眾多，又常有不明就裡的編輯去訪問他，刊出有關他的報導，這時我就會更生氣，我想找編輯來痛罵一頓，我甚至想下令，公司內所有的雜誌把此人列為拒絕往來戶。氣歸氣，想歸想，我當然沒做這麼笨的事，可是心中的折磨並未消失。

一個和我一起工作許多年的部屬看在眼裡，因為每一次會議觸碰這個話題，我的情緒就會失控，這位部屬勸我：「何先生，已經這麼多年了，應該可以放下了，為何要繼續折磨自己？對那種沒水準的人，不需要和他一般見識！」

這位部屬年紀輕輕，但已和我一起工作十餘年，任勞任怨，個性頗類似「阿信」，說起話來也禪味十足。

好一個「原諒別人，放過自己」，這些年來，我的恨、我的怒，讓我自己受盡折磨，而那個我心中的「壞人」，繼續逍遙「法外」，我只是在懲罰、折磨我自己。我決定原諒這位作者，也決定原諒那位沒有做好追蹤工作的編輯，我不要為這件陳年舊事繼續生氣了。

想通了這件事後，我為自己的行為感到好笑：我自己不是說「作者是出版人的衣食父母嗎？」那麼為何還和作者生氣？還折磨自己這麼多年？我想請這位作者吃飯，來個大和解，但因太做作而作罷。

我決定徹底原諒別人，然後放過我自己。我嘗試列出所有的「冤親債主」，所有陷害我的人、得罪我的人、跟我有仇的人、我討厭的人……，雖然人數不多，但這些人確實曾讓我痛苦、讓我生氣、讓我情緒激動，但現在都過去了，我雖然不可能對這些人立即有好感，但不再繼續生氣是做得到的，我讓自己解脫了，我放過了我自己。

後記：

❶人生的學習，少有知識與技能，多數是態度與價值觀點、觀念的頓悟，不見得提高效率，但會活得更快樂。

❷有時候，即使是年輕人也可向其學習，每個人都可能為師。

3

學習幽默
與人方便，與己方便

夫妻之間是一本永遠學不完的大書，每一個階段都有不同的修習課程。

而愛與理性是不相容的，愛義無反顧，沒有條件，絕對不理性；夫妻之間的對話，也不是官樣文章，有時幽默，有時轉念，需要更多的智慧，而非理性。

接待一對大陸友人，他們是成功的生意人，先生是知名的連鎖企業創辦人，他們都愛死了台灣，對台灣的環境讚不絕口，風景秀麗、空氣清新、陽光燦爛……；對台灣的人文素質更是欣賞，客氣、禮貌、友善，他們不只會常來，更有意在台置產。

席間還提到台灣女孩子美麗大方，先生不自覺的表露欣賞之意。一位友人就開了玩笑，提醒太太：「小心先生會在台灣交個女朋友呢！」沒想到這位夫人也非省油的燈，隨口接道：「沒事，想就請便吧！我從來就不管他。」友人再接口：「妳真如此放心嗎？」「不放心又怎的？反正與人方便，與己方便嘛！台灣男人也很好啊！」

他們真是絕配一對，飽經了現代世俗的洗禮，對一切的變化都淡然且淡定，還有雲淡風清的灑脫。男的條件好而多金，機會當然多；而女的也不差，年輕而亮麗，也不乏人追捧，因此一副「誰怕誰」的態度。「與人方便，與己方便」道盡了彼此公平而對等，她要怎麼做，完全看先生要怎麼做，一切悉聽尊便。

我對「與人方便，與己方便」這八個字一向耳熟能詳，也是我一向的原則，但我從來沒想過這兩句話，竟會是雙方之間恐怖平衡的關係。這一對夫婦的對話，讓我對「與人方便，與己方便」有了更深刻的體會。

我信守「與人方便」的原則，主要來自與人為善的態度，我期待與所有人和睦相處，因此任何事盡可能幫助別人成事，只要我們不會因此增加負擔，我就會盡量給予協助。我似乎從未想過「與人方便」之後我會得到相對的回報，所以第二句「與己方便」，我似乎從未印證過。

當然有時候我也會抱怨，有些人我「給他們方便」，但在他們有可能給我方便、給我協助時，他們似乎還常斤斤計較，並沒有給我相對善意的回報；這會讓我感到不平，甚至懷疑我「與人為善」的態度，是否太過一廂情願？是否應該做些調整？

但是懷疑歸懷疑，抱怨歸抱怨，我「與人方便」的態度並未改變，不過這對夫婦的對話，啟動了我不一樣的思維。

人與人的相處是對等的，你友善，我也友善；你視我為自己人，我視你為朋友；你敬我一分，我還你一丈；你給我點水，我報以湧泉，這是人際關係的良性循環。同樣的對等關係，也可以是恐怖平衡。先生會玩，太太也跟著會玩；太太愛買東西，先生也可以大肆消費採購，前面的案例，就說明親如夫妻，也並非一味忍讓付出。

當然對等關係更可以是惡性循環。你小氣，我更小氣；你對我不友善，我視你如仇人；你做初一，我就做十五，沒有人會永遠用友善的態度給你方便的。

我自己除了給人方便之外，對那些給我方便的人，更應該心存感謝，找機會回報，而不只是在心中感謝而已。

後記：

❶許多事不可當真，一笑置之可也，對許多麻煩的真實、不能說的真相，就幽

默以對吧！

❷感情出軌就是絕對可能的真相，但解決之法不是懷疑，而是信任。偶爾的玩笑話是提醒對方，自己是有警覺的。

4

學習轉念

生氣三分鐘就夠了！

人生不如意常十之八九，生氣沮喪也必不可少，生氣是害事、傷身的事，用時間控制生氣，是我花了許多年才頓悟的方法。

我是出了名的壞脾氣，所有的員工都很怕我，因為我破口大罵是常事；更可怕的是，我會毫無預警的發脾氣，而且脾氣一來，所有的人都要倒大楣。

一個和我比較親近的主管，比較敢說真話，最常說的一件事，就是她來的第一年，犯了一個錯，我大發雷霆，罵她：「這種喪權辱國的合約，妳也能簽，不會做生意，就別出門，不要出去丟人現眼！」

這件事，我整整說了她三年，三年中她永遠日子難過。所幸她終於撐過來了，可是她很懷疑，為何我生氣，會生那麼久？

有一天，她終於鼓起勇氣問我：「為什麼要生氣三年？」我才發覺其中有很大的誤會。

我承認自己脾氣不好，我也承認自己情緒控制很差，以致讓許多人都痛苦不堪，但是我真的不會生氣三年，也不會一件事記恨三年。我說了這位主管三年，只是這個案件非常經典，足以成為所有人的借鏡，我經常提起，是希望這位主管記取教訓，絕不再犯，也希望所有的主管引以為戒，因而不知不覺說了三年……。

聽到這種說法，這位主管終於釋懷，但她告訴我，她差點撐不過三年，因為覺得我實在是個莫名其妙的老闆。

這些話讓我心生警惕，如果好員工因我的壞脾氣而離開，那我的損失就大了，公司的損失就更可怕。如何控制情緒，變成我重要的課題。

我發覺，要不生氣實在很困難，因為永遠有不可思議的事發生，我生氣的理由都很充分。我實在無法不生氣，或許生氣對我而言，就是一種情緒上的發洩吧！

我決定要控制生氣的規模及時間。

以往只要我生氣，我會恣意說我想說的話，罵人、傷人我都不在乎，身體語言更是誇張，我幾乎是不計後果。

我試圖少說話，試圖降低音量，試圖不要有衝動的身體語言。更重要的是，我要求自己生氣不要超過三分鐘。

當我音量提高，當我用攻擊性的語言，我就進入生氣的情緒，我要在三分鐘內發洩完畢，回歸正常的情緒。

這是一個痛苦的過程，我常要和自己對抗，也要在人前暴露自己的弱點，承認自己的壞脾氣。但好處是我在公司的人緣變好了，大家都說我，年紀大了，轉性了！

後記：

❶生氣通常表現在表情、言語與行為上，要控制生氣，便要注意這三者。

❷如果無法控制生氣，離開現場是最好的方法。

5 學會相信自己

管他東西南北風

生活中每一個人都相互影響，每一個人也都會在意別人的評價，但不要太敏感；要相信自己，只問自己是否努力，不要在意別人的言語。

一個熱情洋溢、充滿工作熱情的年輕人，在飽受挫折、徬徨無助之時找到我，希望我給他一些建議。他告訴我，他非常努力工作，但因為公司小，又是創新事業，因此不論他如何努力工作，都看不到具體的成果，他開始懷疑是不是自己能力有問題，也懷疑是不是他自己不合適這個工作。

再加上自己所做的一些建議，都未受到主管的採納，按照主管的指示去做，又沒得到好成果，他又害怕公司會不會把績效不彰怪罪到他身上，因此內心糾結，惶惶不可終日。

聽完他的故事，我說了我的經驗，我也曾滿身傷痕，甚至懷疑自己的能力。那是在我剛創業之時，那時我也是一天工作十三、四小時，全力以赴，但始終看不到成果，我也曾想放棄，只是一放棄，後果嚴重，無法收拾，我只好耐住性子，堅持到底。所以我安慰他，新創公司一定有長路要走，做為工作者要有心理準備，要忍得住，要相信守得雲開見月明。

更何況，我聽了他的工作狀況，我確定他是十分可貴的年輕人，工作全力以赴，每天做死做活，或許能力、經驗稍有不足，但這樣的年輕人，絕對成長可期，未來無可限量。

至於他擔心會不會變成績效不彰的替死鬼，我認為這完全不用去想，如果公司真的是非不明，主管真的黑白不分，這種公司根本不值得留戀；但事情沒發生，千萬不要自己想不開，把責任攬到自己身上。

職場中，每個人都會受到環境的影響，公司大小、營運好壞、主管是否英明能幹、同事是否同心協力、市場景氣好壞，都會影響每個人的工作成果，這些都是外在變數，每個人要去適應，要有效管理，絕對不要因為外在變數的糾葛，使自己困在負面的情緒中。

最好的工作態度是——努力做自己的事，學習增強自己的工作能力。「管他東西南北風」，不論外在因素如何，自己都不要隨之起舞，更不要動搖自己努力工作、學習的初心。懷疑自己的能力、懷疑自己會不合適，都不必要，除了讓自己三心二意，充斥著負面情緒之外，絕無任何好處。

當然也可能有時會遭遇挫折、遭遇莫須有的非難，其實這也是職場工作的一部分，我也常有這種經驗，人會一時被誤解、一時遇困境，但是信念不死，我心如秤，管他東西南北風，只問自己是否夠努力，一切都會過去。

後記：

管他東西南北風，絕不是自我感覺良好、自以為是，而是仍要謙心；但若自我反省之後，自己無誤，就可淡然處之。

6 學習情理分明

情同骨肉，宛若仇讎

視敵人如寇讎，視親人如骨肉，但這兩種感覺，如何同時出現在同一個人身上？這要有極高的人生徹悟。大多數人做不到，但可以嚮往。

蔣中正與張學良是當代的一對冤家，張學良發起西安事變，讓蔣中正遭遇人生中最大的劫難，而蔣中正則軟禁了張學良一生，兩人亦敵亦友。

在蔣中正逝世時，張學良則寫了一副令人動容的輓聯：「關懷之殷，情同骨肉；政見之爭，宛若仇讎」；當我讀到這輓聯時，深受感動。西安事變，只是蔣中正人生中的一段插曲，非但沒給蔣中正帶來災難，甚至是強化了蔣中正的英雄色彩。可是蔣中正卻毀了張學良的一生，讓中國近代史上可能的一位英雄人物，從此煙消雲散，變成一個悲劇人物。對這樣一位「不共戴天」的仇人，張學良心中怎可能無怨無恨呢？

可是這副輓聯完全不帶火氣，也無怨恨，只有疼惜，只有遺憾，同時也道盡了兩人一生的恩怨情仇之由來：因為對政治、政局看法的不一樣，因為對近代中國的規劃和想像的不一樣，所以才會有宛若仇讎的對抗。

但不論如何，張、蔣兩人還是親如兄弟，當蔣中正一死，張學良頗有靈堂一哭泯恩仇的氣度，前人風範，令人動容。

「情同骨肉」與「宛若仇讎」的態度，是我一生嚮往的境界，但始終不可得。情同骨肉易了解，而宛若仇讎則需稍加說明。與他人我不會有「政見之爭」，但我不時會有「是非之辯」與「義利之爭」。對家人，我做得到情同骨肉，可是家人犯錯，我就做不到是非分明，不能義正詞嚴的糾正、禁止、駁斥。

對合作夥伴、同事，我也努力做到宛如一家人、情同骨肉，可是也不見得都能做到真心關懷，無怨無悔，頂多只是表面的關心罷了。可是當有「義利之爭」時，卻很容易就做到宛若仇讎。尤其是利益，我更看不開，很難理性的分辨群己之間的關係。

至於「是非之辯」，我更無法堅持，我會畏懼權勢，不敢明言；我會昧於世俗共見，不敢特立獨行；我會基於情誼鄉愿，不願謹守是非底線。

或許這就是中國人的通性，重關係、重人情、多講情、少講理、遠離法，張學良的輓聯，讓我見識了這一代君子的風範，不惜用一生的命運，做自己相信的事，不論是情同骨肉或宛若仇讎，都是為人處世的最高境界。

後記：

❶ 張學良有機會成為近代史的英雄人物，但一生斷送在蔣介石手中，最後他選擇放下，只是放不下又如何呢？

❷ 一般人不會有張學良這種人生起伏，我們只要做到宛若仇讎與情同骨肉任何一項，都已不易。

7 學習策略選擇

「正常輸」到「險中勝」

做任何事一定有策略選擇，有時積極，有時保守，有時快，有時慢，有時要過，有時要不及；這就是策略，在運動場中最容易見證策略選擇的案例。

倫敦奧運結束，台灣成績不佳，對選手不能苛責，也不應苛責，運氣、技術、天候、手感……，樣樣都會影響結果；但卻可以從中學到經驗，我就從桌球國手莊智淵與王皓的四強賽中，得到極大的啟發，這是人生中極重要的一課。

我得到的啟發是如何從「正常輸」中，尋求「險中勝」。

莊智淵打到四強，已經是難能可貴，全國都叫好，而這也是莊智淵生涯中的高點，就算四強戰輸給王皓，也十分光榮，因此，莊智淵的情境是「nothing to lose」，也沒什麼好輸，也不怕輸，因此，莊智淵大可放手一搏。

再加上過去的對戰紀錄，王皓是十勝零敗，莊智淵從未贏過王皓，從數據上看，莊智淵是「正常打，平均輸」，贏的機會極低，要贏的話，莊智淵只有險中求勝。

我記得另一場球，美國網球名將山普拉斯全勝時期統治網壇的時候，他在有一年的澳網輸給了澳洲的重炮手菲利普西斯。我永遠記得這場球，菲利普西斯正常打，根本沒機會贏，但在澳洲觀眾的加油聲中，菲利普西斯搏命演出，球球都是致命的一擊，都打在最危險、最難救的地方；出界就輸，進了就贏，菲利普西斯不和山普拉斯打球技，他打的是氣勢、運氣，他要在「正常輸」中尋求「險中勝」。

他成功了，命運之神站在他這一邊，給了他生涯中的一次機會。

莊智淵與王皓的四強戰，也和山普拉斯對菲利普西斯的比賽類似，一樣是要在「正常輸」中尋求「險中勝」。

開賽第一局，莊智淵放手一搏，一路領先，顯然王皓有不能輸的壓力，處處礙手礙腳，但最後逼進丟士（Deuce），莊智淵贏了。莊智淵給了自己一線希望，命運之神也投了莊智淵一票。

只可惜第二局以後，莊智淵沒能繼續採取險中求勝的拚搏式打法，一回到正常打，莊智淵就是平均輸，當然王皓也已經走出不能輸的壓力，開始發揮實力，王皓扳回成一比一。

第三局是關鍵，上天給了莊智淵機會，打到十比八領先，但莊智淵近關情怯，被扳平，最後輸掉第三盤，隨之也就輸掉比賽。

這場球令我扼腕嘆息，這可能是莊智淵得牌的唯一機會（他年歲已大），莊智淵已到了勝利的大門口，但最後還是「正常打，平均輸」，他並未採取險中求勝的搏命打法，讓台灣全民同聲一嘆。

人生永遠有逆境，人生永遠會遇到超強對手，人生永遠可能會處在必然輸的狀況。這時候輸是當然，贏是奇蹟，但我們不能放棄，永遠要嘗試尋求奇蹟。

改變做法！出奇招、出險招，通常是險中求勝的唯一可能。當我們意識到自己贏的機會很小或情境不利時，我們一定要放手一搏，絕不可「正常做，平均輸，一定輸」。

這場球是逆境演練，雖然我們的選手輸了，我心痛，但我再一次得到逆境中的啟發。

後記：

❶有讀者說，我為何也能論運動員的對錯，我懂運動嗎？這是個好問題，我不是運動員，但我是運動超級愛好者，我不敢說是專家，我只是把我的體會與大家分享而已。

❷對任何事，可貴在自己有想法、有看法，而不是只接受別人的意見。

8 學習柔軟心

實力、手段、情誼、手腕

人生就是嚴酷的競爭，勝負難免，但人性也難免同情弱者，擁有實力者如何保持柔軟心，給對手留餘地，別把力量用盡，這也是人生的課題。

一個能力極強的業務主管，一向以積極進取見長，往往能為公司爭取到最大的利益，最近我卻由側面聽到對他不好的評價。原因是他所負責的業務，在與供應廠商更新合約時，要降低折扣，僅以書面通知，完全不顧供應商的感受，也不問供應商是否願意，雖然供應商基於長期往來關係，也為了保住生意不得不接受，但卻對我們公司多所抱怨。

我們公司在台灣商場是個小公司，但在我們這個行業中卻是個大公司，對相關的合作廠商，我們更是指標型的公司：能與我們合作，不論對生意或信譽都是好事；因此難免造成工作團隊的驕態，也會從權便宜行事。

這是我不能認同的事，我要求這位主管前去道歉，為公司爭取最大的利益固然重要，但是禮貌不可少、道理不能虧，我不能接受我們是個蠻橫無禮也無理的公司。

商場上實力是硬道理，有實力的公司，可以把實力化為市場競爭手段，不論是從供應鏈得到更好、更低的成本，或者從市場上得到高的銷售折扣；更直接的，還可以降低商品售價，把公司的實力化為市場競爭力，得到更大的市占率，獲取更大的利益。這是每個經營者追逐的最高境界。

我也在追逐實力，但我永遠記得當我們是小公司時，我們吃足了有實力公司的苦頭，大的通路欺負我們，不合理的條件、不合理的要求、蠻橫的態度、粗魯的語言，我們只能忍氣吞聲，默默的做該做的事，期待自己更大、更堅強，可以對抗更大的風浪，可以拒絕外界無理的要求。

實力是冰冷的競爭籌碼，可以化成種種生意手段，外界無力抗衡，只能接受，但卻默默的在蓄積不滿的反動力量，一旦實力擁有者力量消退，反作用力必加倍奉還。

我不是害怕市場的懲罰，我只是不喜歡變成連我自己都討厭的人。我嘗試尋找實力之外的可能，而情義、情誼是我努力學習的。

情誼是溫暖的，情義是可貴的。任何的生意合作卻是緣分，都是面向同一目標的協力者。運用實力獲取最大的利益無可厚非，但使用手段之時，方法要緩和，溝通要委婉，過程要周到，態度要禮貌，這都是情誼，也是情義，也是在現實而冷酷的實力之外，盡其可能做到的補償；這些講究，是情誼背後的手腕。

擁有實力者，萬不可只有手段，缺乏溫暖的手腕。

後記：

❶在商場競爭上，有實力當然要用，只是要講究手腕，不可粗魯，引發恨意或怒意。

❷這是處在順境時重要的學習課題。

國家圖書館出版品預行編目資料

自慢⑥：自學偷學筆記——學習改變我的一生
/ 何飛鵬著 / 著；初版. -- 臺北市：
商周出版：城邦文化發行，2013.10
面；　公分
ISBN 978-986-272-443-9(精裝)
1.職場成功法 2.修身

494.35　　101004410

新商業周刊叢書　BW0516

自慢6—自學偷學筆記

學習改變我的一生

作　　者／何飛鵬
文字整理／黃淑貞、李惠美
責任編輯／簡翊茹
版　　權／黃淑敏、翁靜如
行銷業務／莊英傑、周佑潔、張倚禎

總 編 輯／陳美靜
總 經 理／彭之琬
發 行 人／何飛鵬
事業群總經理／黃淑貞
法律顧問／台英國際商務法律事務所　羅明通律師
出　　版／商周出版
台北市中山區民生東路二段141號9樓
電話：(02) 2500-7008　　傳真：(02) 2500-7759
E-mail：bwp.service@cite.com.tw
發　　行／英屬蓋曼群島商家庭傳媒股份有限公司　城邦分公司
台北市中山區民生東路二段141號2樓
讀者服務專線：0800-020-299
24小時傳真服務：(02) 2517-0999
讀者服務信箱E-mail：cs@cite.com.tw
劃撥帳號：19833503
戶名：英屬蓋曼群島商家庭傳媒股份有限公司　城邦分公司
訂購服務／書虫股份有限公司　客服專線：(02) 2500-7718；2500-7719
服務時間：週一至週五　上午09:30-12:00；下午13:30-17:00
24小時傳真專線：(02) 2500-1990；2500-1991
劃撥帳號：19863813　戶名：書虫股份有限公司
香港發行所／城邦（香港）出版集團有限公司
香港灣仔駱克道193號東超商業中心1樓
電話：(852) 2508-6231　傳真：(852) 2578-9337
E-mail：hkcite@biznetvigator.com
馬新發行所／城邦（馬新）出版集團
Cite (M) Sdn Bhd 41, Jalan Radin Anum, Bandar Baru Sri Petaling,
57000 Kuala Lumpur, Malaysia.
電話：(603) 90578822　傳真：(603) 90576622　E-mail：cite@cite.com.my

封面設計／黃聖文
內頁排版／林佩樺
人物攝影／邱如仁 jjchiu108@gmail.com
印刷／鴻霖印刷傳媒有限公司
總經銷／聯合發行股份有限公司　電話：(02) 2917-8022　傳真：(02) 2911-0053
行政院新聞局北市業字第913號

■ 2013年09月26日初版1刷
■ 2020年02月17日初版26刷

ISBN 978-986-272-443-9

定價360元

商周出版

廣　告　回　函
北區郵政管理登記證
台北廣字第000791號
郵資已付，免貼郵票

104台北市民生東路二段141號2樓
英屬蓋曼群島商家庭傳媒股份有限公司
城邦分公司　收

請沿虛線對摺，謝謝！

商周出版

書號：**BW0516**　書名：自慢**6**：自學偷學筆記 編碼：

請於此處用膠水黏貼

商周出版

讀者回函卡

感謝您購買我們出版的書籍！請費心填寫此回函卡，我們將不定期寄上城邦集團最新的出版訊息。

不定期好禮相贈！
立即加入：商周出版
Facebook 粉絲團

姓名：______________________ 性別：☐男 ☐女

生日：西元__________年__________月__________日

地址：______________________________

聯絡電話：______________ 傳真：______________

E-mail ：

學歷：☐ 1. 小學 ☐ 2. 國中 ☐ 3. 高中 ☐ 4. 大學 ☐ 5. 研究所以上

職業：☐ 1. 學生 ☐ 2. 軍公教 ☐ 3. 服務 ☐ 4. 金融 ☐ 5. 製造 ☐ 6. 資訊

☐ 7. 傳播 ☐ 8. 自由業 ☐ 9. 農漁牧 ☐ 10. 家管 ☐ 11. 退休

☐ 12. 其他______________________

您從何種方式得知本書消息？

☐ 1. 書店 ☐ 2. 網路 ☐ 3. 報紙 ☐ 4. 雜誌 ☐ 5. 廣播 ☐ 6. 電視

☐ 7. 親友推薦 ☐ 8. 其他______________

您通常以何種方式購書？

☐ 1. 書店 ☐ 2. 網路 ☐ 3. 傳真訂購 ☐ 4. 郵局劃撥 ☐ 5. 其他______

您喜歡閱讀那些類別的書籍？

☐ 1. 財經商業 ☐ 2. 自然科學 ☐ 3. 歷史 ☐ 4. 法律 ☐ 5. 文學

☐ 6. 休閒旅遊 ☐ 7. 小說 ☐ 8. 人物傳記 ☐ 9. 生活、勵志 ☐ 10. 其他

對我們的建議：______________________________

____

____

請於此處用膠水黏貼